工作的法則

太多人可以把工作做好，你要靠什麼脫穎而出？

理查·譚普勒
Richard Templar
著

王曼璇
譯

THE RULES OF WORK：
A DEFINITIVE CODE FOR PERSONAL SUCCESS
(5th Edition)

工作的法則 太多人可以把工作做好，你要靠什麼脫穎而出？

The Rules of Work: A Definitive Code for Personal Success (5th Edition)

作　　者　理查・譚普勒（Richard Templar）
譯　　者　王曼璇
責任編輯　夏于翔
特約編輯　周書宇
內頁構成　周書宇
封面美術　木木 Lin

發 行 人　蘇拾平
總 編 輯　蘇拾平
副總編輯　王辰元
資深主編　夏于翔
主　　編　李明瑾
業務發行　王綬晨、邱紹溢、劉文雅
行銷企劃　廖倚萱
出　　版　日出出版
231030 新北市新店區北新路三段 207-3 號 5 樓
電話：(02)8913-1005　傳真：(02)8913-1056
網址：www.sunrisepress.com.tw
E-mail 信箱：sunrisepress@andbooks.com.tw
發　　行　大雁出版基地
231030 新北市新店區北新路三段 207-3 號 5 樓
電話：(02)8913-1005　傳真：(02)8913-1056
讀者服務信箱 : andbooks@andbooks.com.tw
劃撥帳號 :19983379　戶名：大雁文化事業股份有限公司
印　　刷　中原造像股份有限公司
初版一刷　2023 年 7 月
初版二刷　2024 年 7 月
定　　價　499 元
I S B N　978-626-7261-64-4

國家圖書館出版品預行編目 (CIP) 資料

工作的法則 : 太多人可以把工作做好 , 你要靠什麼脫穎而出 ?/ 理查 . 譚普勒 (Richard Templar) 著 ; 王曼璇譯 . -- 初版 . -- 臺北市 : 日出出版 : 大雁出版基地發行 , 2023.07, 368 面 ; 15x21 公分 , 譯自 : The rules of work : a definitive code for personal success, 5th ed
ISBN 978-626-7261-64-4(平裝)
1.CST: 職場成功法

494.35　　112010349

我要感謝瑞秋・史托克（Rachael Stock），沒有他的支持、勉勵和鼓舞，就沒有這本書。

我也要感謝多年來所有寫信給我、與我分享心得的讀者們，尤其要特別感謝以下幾位，對於新版《工作的法則》，貢獻良多：

阿尼爾・巴德拉（Anil Baddela）
強森・格雷斯・馬甘加（Johnson Grace Maganja）
大衛・格里戈爾（David Grigor）
法蘭克・赫爾（Frank Hull）
休伯特・勞（Hubert Rau）
帕萬・辛（Pawan Singh）
蒂娜・史蒂爾（Tina Steel）

目次／

Chapter 2 別忘了你隨時都在被評價……67

Chapter 3 有所規劃

Chapter 5 照顧好自己……157

Chapter 6 融入群體……189

Chapter 7 提早行動……215

後記：這樣就夠了嗎？

推薦序／

我們多數人（我猜啦）都想好好地做好自己的工作，同時，多數人（還是猜的）也想得到更重要的任務、更多的薪水、更好的保障、更高的地位和前程遠大的未來。所以，我們努力做好自己的工作，這樣我們就有獲得獎勵、尊重和升遷的機會，然而，這就是我們做錯的第一步（這可不是猜的）。

沒錯，我們當然必須做好自己分內的工作，那些做事經常出包、懶散或不願社交的人，談何未來。不過，本書作者理查．譚普勒（Richard Templar）點出當中隱含的邏輯缺陷，那就是：除了做好分內工作之外，若可以把「分外」工作也做好，能讓你在組織中爬得越快。他說，其實我們都在做著兩份工作，但多數人只會意識到其中之一，也就是手頭上的工作：達成銷售目標、減少待機時間、加速每月帳務管理等。

然而，另一份工作更重要也更抽象：讓組織順利運轉。如果別人認為你有解決組織問題的能力，而不僅僅是自己分內的工作，你就與眾不同了。但要怎麼做到呢？這裡有個簡單的答案：讀這本書，跟著法則走。

讀這本書時我發現我一直隱約地知道這些法則，但我從來沒有像理查．譚普勒一樣，清楚且詳細地認真闡述或分析它們。

曾經有段時間我必須和很多英國廣播公司（BBC）待升遷的候選者面談，不知為什麼我總有一種感覺，就是這些人多半不像是高層管理人員的料，是他們的穿著？走路的方式？還是說話的方式？可能都有一點，但最重要的是他們的「態度」，這樣的態度多多少少也影響了別人對他們的評價。

他們大多數人都在強調自己如何做好現在的工作，但這其實並不需要，因為這些事情我們早就知道了，這也是他們之所以可以前來參與面談的入場券，沒有必要一直對我們展示這些。令人訝異的是，比起他們正在做的工作，很少人真正思考過他們申請的這份工作所存在的問題，更別提英國廣播公司作為一個組織所面臨的問題了——他們絲毫沒有察覺到「工作的法則」。

美國管理學大師彼得．杜拉克（Peter Drucker）將「效率」（efficiency）和「效果」（effectiveness）做了明確的劃分：**效率是做好工作，效果是做對工作**。你的老闆會告訴你怎麼做好工作，但你必須自己找出對的工作是什麼。這表示要著眼於組織外的世界：世界需要什麼、其需求會如何改變，以及組織需要做什麼（或是不做什麼）才能生存並蓬勃發展。

我曾訪問過兩位大企業的首席執行長，他們就與其他數百位野心勃勃的大學生一樣，畢業後就進入職場工作。我問他們：「為什麼是你成為眾人中的佼佼者，而不是其他人？」其中一位說不知道，但他能告訴我的是，他做過的每一個工作在他離開後都被廢除了；另一位也說不出原因，但他的每一個工作在他之前都不存在。

由此可見，他們都是專注於做對的工作，即便他們只是低層或中階管理者，但都用老闆的角度來思考工作，進而得到好的結果。另外，我也毫不懷疑這兩位都遵守了「工作的法則」，雖然這些法則總是看起來或聽起來更像是高階主管的思考層面，不過誠如作者理查．譚普勒所強調的，遵守這些法則的人都能備受整個組織的歡迎和尊崇。如果你的周圍都是心懷怨恨、憤怒且毫無士氣的同事，你就無法成為一名成功的執行長。

《工作的法則》是每位管理者第一本、且最重要的指南，讓想爬到最高處卻無從下手的人打開眼界，但這也是一本針對組織本身的書。組織最大的危機就是僵化，亦即僅專注於內部的目標、系統、流程，而與外在失去了連結。如果每個人都只專注於效率而非效果，也就是不遵守工作的法則，那麼僵化的情形就會發生。

安東尼・傑伊爵士（Sir Antony Jay）

英國影集《部長大人》（Yes Minister）、《首相大人》（Prime Minister）編劇、製片公司 Video Arts創辦人

自序／

二〇〇二年我坐下來撰寫《工作的法則》時，從沒想過它會走向何方，只覺得這可能會是個好主意，也就是：列出需要多年工作經驗才能學會的不成文規則，為其他人提供工作上的捷徑；傳遞我多年來的觀察結果，關於成功人士如何用自己的方式解決職涯上的困難；弄清楚什麼才能幫人們走得更遠、更快。雖然每個主題都需要撰寫好幾頁才能說清楚，但我樂在其中。

當時，我沒有想到這本書能幫助到這麼多人，它出乎我意料之外地備受矚目，成為暢銷全世界的書。由於《工作的法則》獲得廣大迴響，我開始用同樣的方法寫關於管理學、生活、財富、愛、育兒、人際關係、思考及生活等主題，也同樣獲得極大的迴響，所以我們又回到這裡了。如今數百萬人手持一本法則系列，甚至是七本，這些書被翻譯成各種語言，有些甚至是我從未聽過的語言。事實證明，精煉出真正重要的事情並提出提醒，而非啟示，對許多人來說相當有幫助。

我怎麼知道這些的？源自讀者的回饋，這也是寫法則系列的樂趣之一——我能得到來自讀者的真實回饋。讀者會告訴我評論、建議、想法、趣聞、批判（是的，當然也有一部分批判，對我來說它們同樣很有幫助），甚至是自白，更不用說這些書對他們人生造成哪些影響的故事了。發現人們的生活如何變得更好，是寫這系列書籍過程中最棒的地方。我想向那些能改變人生的人致敬，因為我知道這件事情遠比想像中的更困難。我深感榮幸，我的書似乎能吸引到一群非常卓越的讀者（是，我知道這是公然炫耀，但這的確也是事實）。

我想感謝所有讓一切成真的人——你們知道的。也謝謝麥克（Mike），這位十分有遠見的銷售者，他早就知道這一切會成真。最後，獻上我最誠摯的感謝給所有讀者，謝謝你們願意花時間與精力和我分享你們的故事。

多年來，這些工作的法則並沒有多大的改變；我經常回顧這些法則，它們大多都是永恆的智慧，不僅在過去的幾十年裡適用，往後亦會如此。我非常期待在往後的這些年，可以聽到更多人發掘自己在工作上的法則。如果你願意在我的Facebook發表自己的法則，非常歡迎你。再次感謝閱讀此書的各位。

前言／

我首次開始列出「工作的法則」是在很多年以前，當時我還只是副理，有一次升職成為經理的機會。那時有兩個候選人可能角逐此職位：羅伯和我，理論上我的資歷更豐富、更專業，多數員工希望由我擔任經理，且整體而言我也更了解這份新工作的內容。至於羅伯呢？坦白說，沒什麼能力。

我和公司聘請的外部顧問聊到這件事，問他覺得我升職的機會有多大，他回答：「機會很小。」我很不服氣，於是我和他說了我的經歷、我的專業度、我卓越的能力，「嗯，」對方接著說：「但你走起路來不像個經理。」「羅伯像嗎？」「像，這就是優點。」不用說，他是對的，羅伯榮升了，我得在一個笨蛋手下做事，一個會走路的笨蛋，所以我開始學著怎麼小心地走路。

這位顧問的切入點完全正確：經理該有的走路姿態。我開始注意到每一位員工、每一份工作，甚至是每個人，都有他們該有的走路姿態：前台接待員有自己的走路方式，收銀員、餐飲服務員、上班族、行政人員、保全人員、經理——當然都有其走路的方式。於是，我開始偷偷地練習走路。

仔細觀察

我花了很多時間觀察走路後，我發現經理也有應有的穿衣風格、說話方式、行為舉止。只是做好工作、資歷豐富遠遠不夠，我還必須讓自己看起來比別人更好，不單單只有走路方式，而是一次徹底的改造。

另外，觀察一段時間後，我漸漸地發現看什麼報紙也很重要，以及你用什麼筆、寫的內容、你和同事說話的方式、會議上你說了什麼……，其實就是你所做的每件事都會被評價、評估、歸類，因此僅能做好分內工作真的不夠。如果你想更進一步，**就必須用「對的方式」看待所有事情，而「工作的法則」就是在創造這個方式**。

當然，你還是必須把做好工作放在第一位，但是太多人可以把工作做好，所以你還需要其他方法：如何才能脫穎而出？是什麼讓你成為合適的升職候選人？你和他人之間的差異到底是什麼？

邁出下一步

我發現眾多經理中，有些人非常擅長走路，也有些人正在揣摩總經理應有的步伐，從而在不自覺的情況下，邁出下一步。

碰巧當時我出差到各個分公司，我發現總經理之中有些人會在現有的崗位上待很久，但也有些人已經在練習走下一步，好比區域總監的步伐及其風格與形象。我從練習經理的步伐，轉為練習總經理的步伐。三個月後，我一躍而上，從副理升為總經理。現在，我可是那個笨蛋的經理了。

走自己的路

羅伯會走路（法則十八：找出備受矚目的個人風格），可惜他沒有充分遵守法則一：他不夠瞭解工作內容。他的形象不錯，說話聲音也不錯，但關鍵是他不能做好分內的事。我被提拔到他的位階之上，因為公司不能解僱他；他剛升職時，大家對他的觀感不佳，所以公司需要有人監管他的工作，這樣他搞砸的事情才能被及時修正。

羅伯待在自己無法勝任的位置，一待就是好幾年，沒有改進也沒有變得更糟——

就是看起來不錯，走對了路。最後他轉換跑道，經營起自己的事業——一家餐廳。但這步很快就失敗了，因為他忘了法則二（永遠不要停下步伐），或者他從未真正意識到這點。他走起路來就像個經理，一點也不像餐廳老闆，他的客人從來沒有真正喜歡過他。

透過練習總經理的走路方式，我升職了，但也因為我確實付出心力做好工作（法則一）。當然，剛得到新職位時，我完全摸不著頭緒。我不僅要快速地進入我的新角色和隨之而來的責任，還要面對我從未擔任過的職位。我曾是代理經理，但我從未真正成為經理，現在我成為經理的經理，面臨著大跌一跤的危機。

不要讓別人知道你有多努力

現在，我可是致力於遵守法則的人，到了這裡我只有一種自救法，就是：祕密學習。每一個空閒時間，比如晚上、週末、午休，我都拿來學習任何可以幫助自己的方法，但我沒有告訴任何人（法則十三）。短短的時間內，我就充分掌握了能做好新工作的方法，同時《工作的法則》這本書也有了雛形。

制定計畫

當一個總經理有苦有樂，工作量增加了五十％，薪水卻只增加二十％。照理來說，我的下一步應該是區域總監，但這一點都不吸引人。工作量越來越龐大，卻沒有換得更多的薪水。於是，我開始制定計畫（法則二十五～三十五）：我下一步要去哪？我想做什麼？我感到厭倦了，每天被關在辦公室，每天面對無窮無盡的沉悶會議，所有時間都在總公司度過。我的時間不是我的時間，我想再次感到樂趣、我想實踐這些法則，於是，我開始制定自己的計畫。

我發現，公司缺少的是一個到處巡視、解決問題的人，也就是：總經理的總經理。我運用法則四（找到一席之地），向董事長提出一份所需的報告；我從來沒說這是我想要的工作，但我猜這顯而易見。當然我得到了這份工作，開始做一個四處遊走的總經理，只要對董事長進行工作報告，以及完成我自訂的工作內容。薪水呢？比區域總監高多了，但別人不知道，我也沒有洩漏（照顧好自己：法則四十六～五十七）。此外，我得到大家的幫助和友誼，因為我從來不是他們的威脅，很顯然我沒有要取代他們的工作；他們得知我的薪水後，或許會想要和我有一樣的薪資水準，不過他們不會想要這個我為自己開闢、只適合我自己的職務。

我的作法並沒有冷酷無情、不誠實或讓人不悅。事實上，我總是靈活應對這些總經理：我對他們客氣有禮，即時在我必須拉他們一把的時候，亦是如此。所以，我增加了新的章節「如果說不出好話就閉嘴吧」，以及法則七十九～八十七可以學到的「培養外交官般的交際手腕」。

知道誰靠得住

我迅速瞭解到，如果我想知道每個分公司發生什麼事，最好的辦法就是和肯定了解狀況的人聊聊，比如：清潔員、前台接待員、收銀員、電梯服務員和司機。辨別出這些人並和他們站在同一邊，這兩件事都很重要（法則九十三）。他們能提供給我的訊息超乎任何人的想像，而所有的支出就是一句：「嗨，鮑伯，女兒的大學生活還好嗎？」

《工作的法則》這本書慢慢成形了，接下來幾年裡我看著它們成長、成熟、累積經驗。我離開公司，成立了自己的顧問公司。我利用《工作的法則》培訓經理人才，看著他們走向世界，以懂得分寸的態度、魅力、自信和權力，掌控自己的命運。

我知道你接下來想要問什麼：**法則如何運作，他們能操縱別人嗎？**不，你不需要讓別人做任何事，一切都在於你的改變和進步。

我要變成別人的樣子嗎？不，你或許需要改變一些自身行為，但不是改變你的性格或價值觀。你還是要做自己，不過是更圓滑、更敏銳、更成功的自己。

法則很難學嗎？不會，只要一至兩週就能學會，但需要一段時間才能真正精通。記得，我們始終都在學習，即使只能實踐一條法則，也比沒有實踐任一條來得更好。

很容易發現別人正在實踐法則嗎？當然，有時候可以，雖然一個真正好的法則實踐者不會讓你看出他們正在做什麼（他們太優秀了）。但如果你也成為一個法則實踐者，就更能看出在某些時間點，其他人正在運用哪些法則。

馬上就能發現這麼做的好處嗎？當然，毋庸置疑，肯定馬上就發現了。

我還在實踐法則嗎？我當然不會承認我一直都在實踐法則，畢竟我是個法則實踐者呀！

這些法則符合道德標準嗎？當然，你不會做任何壞事，只是運用自己天生的技能和天賦，適應法則並有意識的運用它。這就是理解法則的關鍵，你必須有意識地運用。你要做的每件事都會預先決定好，你會表現得很自然，當然，也因為這些都是你自己做的決定。總之無論在任何情況下，你都是有意識的控制者，而不是毫無意識的受害者。你會一直保持清醒和警覺，活在當下，運用自身能力的優勢。不過最基本的是你必須可以做好自己的工作，所以別忘了把「做好工作」放在首要位置。法則不適合油腔滑調、裝腔作勢、胡說八道、吹牛或起伏不定的人。你覺得你現在很努力工作嗎？其實這還不足以讓你成功實踐法則，現在，是時候開始認真練習。

讓我們面對它吧！你喜歡工作，你喜歡你現在的工作，如果你想讀懂法則，也想更進一步、更上一層樓，就必須這麼做。我建議你先清楚思考工作中的每個環節，做出改變以取得進步：

- 思考你做事的方式。
- 思考別人如何看待你做事的方式。

如果你不練習實踐法則，就會茫然無知，得過且過。這樣或許還是能找到你想要的東西，因為你可能已經知道大部分的法則，並且可以本能和直觀地實踐它們。不過現在，你能「更清楚」地實踐法則，而這麼做的話你會：

- 升職、更享受工作。

- 和同事相處更融洽。
- 自我感覺更好。
- 更充分掌握自己的工作內容。
- 更理解老闆的觀點。
- 對自己和工作感到更驕傲。
- 為新進員工樹立典範。
- 為公司貢獻更多。
- 成為有價值的人且得到尊重。
- 散發善意與樂於合作的氣場。
- 如果離職開創自己的事業，也會成功。

這些法則都很簡單有效、安穩且可實踐。這些法則劃分成十個步驟，幫助你建立自信、打造全新且強大的自己，讓你有倫理、符合道德。你不會做任何你不樂意、也不喜歡別人對你這麼做的事，這些法則能幫助你加強個人標準、提升個人原則。這些法則是我給你的禮物，它是你的了，把這些法則祕密地守護好吧！

如何運用法則？／

為了得到更快樂、更成功的人生，讀一本有一百多條法則的書可能會讓人怯步。我的意思是，你該從哪裡開始？你可能會發現有幾條你已經知道了，但怎麼能期望一次讀完幾十條法則，就能全部付諸實踐？別慌張，你不需要這麼做。記得，你不需要做任何事（如果發現自己做出某些改變，也是出自於你想要這麼做，而不是被脅迫的）。我們讓一切維持在可控等級，這樣你才會想繼續走下去。

你可以隨自己的心意，但如果你想得到建議，以下是我的閱讀建議。先讀一遍，然後選出三至四條你覺得會帶來巨大改變的法則，或者在你第一次讀這本書時，哪些法則抓住了你的注意力，或是看起來是個很不錯的起點。在這裡寫下來：

試著實踐幾週，直到它們變得根深蒂固，不用再刻意地實踐，這些法則就成為習慣了。現在你可以重複練習更多其他你感興趣的法則，寫在這裡：

太棒了！現在你已經制定了流程，持續用自己的步調實踐法則吧！但記得，不用著急。另外，我不是唯一一個可以觀察別人的人，你可以看看別人做什麼事，也許對自己會有所益處。因此當你發現我沒有列在書裡的新法則時，可以自己把它列入。做一個你想仿效的清單，把它寫在這裡：

自己藏著新法則太不夠意思了，歡迎你和別人分享，我很樂意看到你在我的Facebook上分享新法則：www.facebook.com/richardtemplar

Chapter 1

言行一致

Walk Your Talk

本章的這些首要法則是掌握其他法則的基礎，也就是：熟悉你的工作內容、把工作做好，而且還要做得比其他人更好，就是這麼簡單。至於祕訣，就是不要讓任何人知道你需要多努力才能把工作做得那麼好。你可以把所有學習過程都藏起來、偷偷進行，別洩漏出去。總之，不要讓別人知道你做了什麼，也不要讓任何人知道你曾讀過這本書，因為它是你的「祕訣聖經」。

另外，表現出冷靜有效率也是一大重點，你必須行事縝密，掌握一切；你能輕鬆、有自信地處理日常工作，從容不迫又勢不可擋。當然，以上所有的基礎，都必須建立在你真的十分熟悉你的日常工作了。

法則 1

讓你的工作備受矚目

主動提交報告是一種聰明方法，可以讓你從眾人之中脫穎而出。

在忙碌喧囂的辦公室日常中，你的工作很容易被忽視。你埋頭苦幹，卻很難被記得，所以必須花點心思來提升「個人地位」和工作上的「個人聲望」。重點來了，你必須幫自己增加亮點，如此才能脫穎而出、才能讓你的升職潛力被看見。

最好的方法就是跳脫日常的工作流程。如果你每天必須處理那麼多小事（而且別人也一樣），那麼經手更多小事就不會為你帶來任何好處。但是如果你提交一份報告給老闆，告訴他每個人每天該如何處理更多小事，你就會引起注意。主動提交報告是一種聰明的方法，能讓你從眾人中跳出來，這樣的舉動表示你思緒敏捷、積極主動，但不能經常使用這招。沒錯，向上司提交一連串未經要求的報告，的確會引起注意，但有時這麼做是錯誤的。所以，必須遵循以下規則：

- 偶爾才交出這樣的報告。
- 確保你交出的報告真的有可行度，也就是真的可以確實執行或帶來益處。
- 確保你的名字在顯眼之處。
- 確保不只有你的上司會看到這份報告，就連上司的老闆也會看到。
- 記得不一定要以報告的形式呈現，也可以是公司內部刊物的一篇文章。

當然，讓自己的工作能力被注意到的最好方式，就是你真的做得非常、非常好。而做好工作的最好方式就是忽略其他事情，全心全意地完成工作。辦公室裡的政治角力、八卦、小動作、浪費時間的社交都太多了，它們都以工作之名而行之，但這些都不是「真正」的工作。專注在工作上，你就已經比其他同事取得更多優勢了。法則實踐者會保持專注，把注意力專心放在手頭的事情上，也就是把工作做得非常好，千萬別為了其他事情分心了。

法則2

永遠不要停下步伐

在理想的情況下，法則實踐者會在午餐時間前做完分內之事，這樣就能有一下午的空閒時間。

多數人每天去上班只想著一件事：趕快熬過今天、趕快下班回家。在他們的一天當中，他們會做任何他們必須做的事情，為的就是那魔法般的時刻降臨。但你不會，你不會停下腳步。對大多數人來說，得到這份工作似乎就夠了，所以他們會守著工作，然後停滯不前。但是對你來說得，到這份工作可不是遊戲的終點，而是抵達終點前的方法。對你而言，終點是升職、更高的薪水、成功、不斷進步、累積人脈與資歷，以開創自己的事業，或者，任何在你願望清單上的東西。由此可見在某種程度上，這份工作是無足輕重的事。

當然，你還是必須做這份工作，可以的話還要做得非常好，只是你的眼界必須放在下一步，每項你參與的工作都該成為你前進計畫中的小齒輪。

當別人正在思考下午茶時間要做什麼，或是如何不做任何事情輕鬆度過這個下午時，你將忙於計畫和執行你的下一個策略。在理想的情況下，法則實踐者會在午餐時間前做完分內事，這樣他們就能有一下午的空閒時間，可以用來：為下次升遷做功課、在實力最相近的同事中評估競爭力、寫出主動提交的報告讓主管注意到自己、為大家研究出改善工作流程的方法、深入了解公司的行政和歷史等等。

如果你不能在午餐時間前完成工作，就必須把這些想做的事融入工作之中。你不會止步，也不會接受「做好工作就夠了」的想法，那是別人的事，你會繼續前進，持續準備好自己，不斷研究、分析和學習。

先前我們曾談到「經理的走路方式」，沒錯，這就是你要做的事情：練習經理的走路方式，或是任何你想升遷的職位其走路方式，你都必須要精通。**你必須把升遷，或任何你想要的東西，視為一種行動**。不是持續前進，就是停在原地生灰塵；你必須有所行動，否則就會停滯不前；你必須喜歡前進，否則就只能在原地安營紮寨。

行動會推動著你，不要呆坐原地什麼都不做。記住，永遠不要停下步伐。

法則3

小心「自願」這件事

在你舉起手主動承擔事情時，請先仔細想想。

很多人覺得只要他們「來者不拒」就會被注意到，進而得到讚美和升遷的機會；錯，才不是這樣。這些「來者不拒」的員工，中了那些高階主管的圈套——他們利用「我來做」的心態，最終只會導致你過度工作、被貶低價值和能力被濫用。

所以，在你舉起手主動承擔事情前，請先仔細地思考一番，並問問自己以下這些問題：

- 為什麼這個人要找自願者？
- 這件事有助於我的個人計畫嗎？
- 如果我自願做這件事，上層管理者會如何看待我？

• 如果我不自願，他們又會如何看我？
• 這是沒人要的燙手山芋嗎？
• 或者這個人真的負擔過重，確實需要我的幫助嗎？

這可能真的只是個沒人要做的燙手山芋，如果你主動接下，可能會在高階主管心中留下好印象，認為你有能力迎接挑戰，是可用之才，隨時準備好捲起袖子投入工作。不過另一方面，他們也有可能會覺得你是個傻瓜，好比如果你自願做文書歸檔的工作，他們就會把你視為文書行政人員。

話雖如此，或許你也會因為向真的需要幫助的人伸出援手，從而獲得善意的回饋。但要小心選擇時機，如果舉手的時間不對，就會被當成猴子使喚，這一切就沒有意義了。記得，**「自願做」這件事情的前提是，你有信心能幫自己的形象加分、獲得好處，或幫助到真正需要幫助的人，才能採取這樣的行動。**

另外也要小心，有時看起來像是你自願，但你並沒有舉起手或往前走一步，只是因為你的同事們集體向後退把你留在原地，導致你看起來像是自願，但其實你並沒有這個意思。

第一次發生這種事時，你必須硬著頭皮把事情做好，但也要確保這種事不會再發生，作為一個法則實踐者不能再讓這種事發生第二次。讓自己的消息靈通些，下一次發現團體內已有共識時，和其他人一起往後退一步吧！

法則4

找到一席之地

如果其他主管都覺得你的想法很好，那你的直屬主管也就必須認同。

我曾和一位同事共事，他的個人技能就是：他可以找出我們找不到的客戶資訊──他似乎總是可以知道客戶小孩的名字、他們在哪裡度假、他們的生日，就連客戶配偶的生日、最喜歡的音樂和餐廳，他都掌握的一清二楚。所以當必須和特定客戶搞好關係時，我們就會去找麥克，有禮貌又謙遜地請教他，希望他能提供一點小道消息，如此一來，我們就能和客戶處得很好。

麥克為他自己找到了一席之地。沒有人要求他成為客戶資訊的百科全書、熟悉客戶的喜惡，這並不是他的工作內容，這背後要做很多功課，付出別人看不到的努力，但這是非常有價值的資產。過不了多久，區域總監就聽說了麥克額外投入的心力，因此他在公司的職位急速上升，史無前例。這就是你需要的一切，但我說的「一切」，其實需要付出非常多的努力和極為聰穎過人。

找到一席之地表示要發現別人未曾注意到的有力資源，這可能是擅長製作圖表或寫好報告；也可能是知道別人不知道的事，就像麥克；也可能是擅長安排班表、預算或了解系統。但注意別讓自己變得不可或缺，否則就會適得其反。

為自己找到一席之地後，通常也能讓你脫離辦公室的日常活動範圍。你必須到處走動、更常離開辦公室，但不需和別人解釋你在哪裡或正在做什麼。找到一席之地後能脫離群眾，使你具有獨立性和超然的特質。我曾經自願編輯公司內部刊物（謹記前一條法則），讓我可以在七個分公司間隨意遊走。不過當然，我確實地按時完成分內事，而且做得非常好。

經常為自己開闢天地的意思，就是你會被直屬主管以外的人，也就是其他人的主管給注意到。這些主管們會聚在一起談論，如果他們往好的方向提起你，好比「我看到理查正忙著做真正原創的市場分析」，這時如果你的直屬主管想贏得同儕認可，就很難不提拔你。如果其他主管都覺得你的想法很好，那你的直屬主管也就必須認同。

法則5 少說多做

千萬不要「做不到」或「做得不夠好」。

如果你知道星期三可以完成工作，對外請說星期五；如果你知道這件事需要部門花費一週的時間才能完成，請說兩週；如果你知道需要額外兩個人力才能安裝、設定、運作新機器，就說需要三個人。**這不是說謊，而是謹慎**。如果有人發現你這麼做，就開誠布公地承認，說你把突發事件也列入評估，他們也不能拿你怎麼辦。

第一點，別承諾太滿。不過，不要因為你說星期五或兩週或其他的承諾，就放鬆下來耗盡時限。千萬別這麼做，你要做的是確保你可以更早完成、符合預算且做得比當初說得更好。

第二點，多做一點。意思是如果你承諾星期一可以完成報告，第一件事完成了，但它不只是一份報告，還包括了以這份報告為基礎的整體計畫；或者，如果你說了可以在星期日晚上設置好展覽並開始運作，且只需要增加兩名員工，你就已經成功讓主要競爭對手敗下陣來；或是，如果你說下次會議時你會針對新的公司網站提出概略的方案，那麼屆時不能只有這個方案，還要有網站地圖、樣本圖形、文字草稿、所有能用的照片、設計花費和搜尋引擎最佳化的計畫。不過要小心不要越線，不要承擔別人沒有交給你的責任（我知道你懂我的意思）。

再次強調，這樣的舉動有時會過於明顯，所以盡可能不要太招搖，否則你的主管往後都會期望你這麼做。也就是說，這應該是一次討人喜歡的驚喜，而不是一直拿出來使用的策略。

另外，這條法則有時可以拿來裝傻。你可以假裝不太懂某些新技術或軟體，但其實你了解得非常透徹，那麼當沒有人把預算列在表格上時，你卻突然完成這件事，就會顯得你的工作能力很不錯。反之，如果你脫口而出說：「對，我知道，我之前曾經做過這些表格。」就沒有驚喜了，因為你已經被看透，你的優勢也被一覽無遺了。

作為一個法則實踐者，「說得少、做得多」是你必須要有的底線，這個底線很簡單，就是千萬不要「做不到」或「做得不夠好」。如果你必須埋頭苦幹、徹夜工作，那就這麼做吧！你必須依照你的承諾按時繳交，如果可以，能出乎意料地提早就更好了。切記，與其讓別人失望，不如一開始就談好更長的工作時間。很多人渴望能被看好、被認可或讚美，所以他們一開始就會同意別人所說的完成時間，拍胸脯保證：「當然，我可以做到！」但最終他們失敗了——一開始就像個失敗者，而最後又像個無能的人。

法則6

學著問「為什麼」

我要表達的是，請對整個組織多留點心，而不僅僅是你的小角落而已。

如果你看不到大局，就無法為雇主發揮你最好的能力。這樣的你，可能只是巨大研磨機裡一個不起眼的小齒輪，但如果你能往後退一步，看見整台機器如何運作，就不會只能做小齒輪的事了。另外，如果你只談論你小齒輪的事，還有你周邊的小齒輪、螺絲、軸心、活塞等事情，周圍的人也會只把你視為整台機器裡的一小部分。

不過，你有雄心壯志，想要成為這台機器中更大、更重要的部分，對吧？你當然有，你可是法則實踐者！你想要成長、發展且做出更大的貢獻。要做到這一點，同時被視為能做到這點的最佳人選，你需要了解驅動整台機器的東西是什麼，以及這台機器的目標又是什麼。

要做到這件事的方法就是「提問」。當你的老闆概述了一項新任務或新計畫時，問一問這項新計畫會如何融入大局，比如：為什麼重點轉為電話銷售？這是標準市場趨勢，還是公司正在嘗試創新？為什麼會計部門要一分為二，這是有利於客戶還是為了調整內部結構？諸如此類。

我不是要你用「一式三份的粉色表格該搭配什麼顏色的迴紋針」，或是「能不能用電子郵件提交休假申請」這種小問題來糾纏你的上司。我要表達的是，請對整個組織多留點心，而不僅僅是你的小角落；**要讓你的老闆知道，你有在關心大局**。

當然，之所以要這麼做還有一個原因，就是你的上司會開始把你視為有大局觀的人，能承擔更高層級的工作責任、對公司有忠誠度且是真正關心公司的人。同時你也會發現，當你的視野變得更寬廣時，也就更了解自己的工作內容；而當你了解改變現狀、新指令、額外工作或特殊計畫背後的真正理由時，工作起來也會更有動力。

法則7
百分之百的投入

你必須時時警惕、保持專注、謹慎小心、敏銳熱情、做好準備、蓄勢待發、勤奮機敏。

成為一個法則實踐者，意味著你必須比任何其他同事更加倍努力工作，他們可以敷衍了事，你不行；他們可以翹腳放鬆，但你不行。為了成功，你必須付出一〇〇%努力，你承擔不起忽視自己長期目標計畫的任何一瞬間。對你來說，已經沒有時間了，沒有暫停、不能到處閒晃、不能疏忽、不能犯錯、不能有偏離腳本的意外。

你必須變得像是一位「罪犯大師」。這樣的罪犯大師過著令人難以置信的守法生活，他們不能冒險觸犯任何一條小法律，因為這會引起別人的注意，讓他們犯的真正重罪被揭露，為此，他們得隨時注意自己的一言一行。

如果讀到這裡覺得負擔太重了，現在就退出吧！在這個團隊裡我只想要忠誠的法則實踐者。想到達這個等級，你必須用鮮血簽一份誓約，並且時時警惕、保持專注、謹慎小心、敏銳熱情、做好準備、蓄勢待發、勤奮機敏……，所需的要求真的很多。

值得嗎？當然。在盲人的國度，你就是唯一一個睜開雙眼看得見的人；你會充滿力量，更重要的是你能享受樂趣。沒有什麼比看到你周遭的一切，卻保持完全抽離、極度客觀、超然，更令人感到興奮了。

一旦你開始進行，就會發現其實你不用做太多事情，只需給人們一點小鼓勵，不用猛力推動，他們就會改變方向，同時你們的往來會變得相當微妙又溫和。

你真正需要做的就是百分之百的投入。如果你嘗試這麼做，卻沒有充分投入其中，你就會失控，冒著看起來像傻子的風險，而不是沉著、掌控大局的形象。與此相對，全然投入的美好之處在於：你不用再做任何決定，你已經知道未來的道路，任何情況下你都只需要問自己：「這能幫助我實踐法則嗎？」答案自然就會揭曉——就是這麼簡單。

法則 8

從別人的錯誤中學習

每當身邊有人把事情搞砸了，你都必須徹底去了解原因何在。

聰明的人會從自己的錯誤中學習，睿智的人則會從別人的錯誤中學習；這就是為什麼他們說，任何有見識的[1]法則實踐者都會遵循這條守則，因為：我們都會犯錯，但錯誤越少越好。

聽起來不錯，對吧？但不能只是把這句琅琅上口的俗語掛在心上，你必須真正去實踐它。這表示每當周遭有人把事情搞砸了，你都必須去了解透徹，究竟是哪裡出

1　也就是全部的法則實踐者。

錯；你必須好好偵查，然後偷偷地提醒自己不要犯下相同錯誤。不過，沒有人想被同事盤問他們出錯的部分。給人留下一個自以為是、自得意滿、好管閒事、居高臨下的印象很危險，因為不是你犯的錯，這肯定不會是法則教你的行為舉止。

所以當同事陷入困境時，請在不被注意的情況下找出同事的錯誤。最好的方式之一，就是伸出援手，指引他們修正錯誤。畢竟這不是競爭，我們確實不希望隊友搞砸事情。如果他們真的犯錯了，我們也希望能從中學到什麼，所以幫他們糾出錯誤、找出到底發生了什麼而導致錯誤發生，就是一個很好的方式。

一旦你找到「哪裡出錯」、「錯誤如何發生」、「為什麼會發生」之後，請殘酷地質問自己：你是否也可能犯下同樣的錯誤？你是否曾經太趕以至於沒有再次確認文書？或者在一天結束後忘記確認語音信箱？或者根據你手上的數據來進行討論，但其實那並不是正確的數據？如果有可能，你必須設計一套系統，確保未來不會發生一樣的錯誤，否則你遲早會犯下相同的錯誤。另外請記住，如果你已經目擊同事犯錯了，而隨後你也立刻犯錯，你的觀感就會變得更糟糕。

在面對他人錯誤時採取全盤探究的態度，會比「我才不會發生這種事」的態度更好。犯的錯誤越少，上司對你的印象就會更好，就這麼簡單。

法則9 樂在其中

宣告自己「樂在工作」一點也不可恥。

如果你不享受，那你在做什麼？如果你的工作沒有為你帶來樂趣的價值，那這件事真的沒有意義，畢竟你或許可以依靠足夠的失業救助金繼續生活下去。在我看來，其實有很多人享受工作，卻害怕說出口，因為怕被冠上「工作狂」、「無趣的人」等稱號。

宣告自己樂在工作一點都不可恥。痛苦地工作、抱怨處境儼然成為一種榮譽，辦公室裡似乎存在著一種比賽，人們總是想在「抱怨自己討厭工作」的這件事上，贏過對方。

對你來說可不是這樣。法則實踐者樂在工作，並且也樂於讓大家知道這點。只要你了解到工作是有趣的，同時和其他人相比，你也覺得工作很有趣，就會發現自己的步伐輕盈，壓力減輕，行為舉止也會輕鬆得多。承認工作有趣，就能偷偷換到一點消息，換到那些「真正成功人士才能得到的消息」，所以請銘記於心：工作很有趣。

「在工作中度過快樂時光」和「意識到工作很有趣」，是兩件完全不同的事情。後者表示你為你做的事感到驕傲，你享受挑戰，以正向樂觀的心迎接每一天；前者則是不用做太多事情、大肆聊天、清算同事、整個下午都在喝香檳。當然，快樂時光能讓我們感到有趣，然而一旦興奮、快樂的感覺消散，樂趣就會被磨損殆盡。

「工作很有趣」表示你享受談判、聘用與解僱、日復一日的挑戰、壓力與失望、不確定的未來、考驗某人的耐力、新的學習曲線。事實上，有件事實非常令人訝異，就是：很多人在退休後的一年內過世，這表示工作對生存的重要性超乎我們所想。

如果你不享受這一切、不欣賞工作帶來的樂趣，那你注定成為眾多抱怨者和生活犧牲者的一分子。

法則10

建立正確的態度

你會站在更高的道德角度，無可責備。

工作時很多人會有一種「我們和他們」的態度，喜歡站在「員工」的角度抱怨「管理階層」。至於你，則會用另一種角度，建立正確的態度，不會成為「我們」心態的一分子。不管你現在處於什麼位置，要想著自己是下一個部門主管、正在成形的執行長、嶄露頭角的總裁。你必須開始看到情勢的兩面，辨別「他們」的位置。你或許不會為此發聲，在公開場合上甚至會和你的同事一起站在員工這邊，但其實你的內心深處認同且會站在「他們」那邊，千萬別忘記這點。

你的同事可能會抱怨管理方針，但你會分析並試著從管理階層的觀點看事情。為了適應和融入，你可能會假裝成愛抱怨的員工，但這可不是明智之舉。點頭表示同意，然而千萬別抱怨自己。

基本上，所謂正確的態度分為兩個部分：

・首先，站在管理階層的角度，以他們的觀點來看待決策。

・其次，必須全神貫注，成為不折不扣的法則實踐者，你所關注的是成為第一（那是你，那就是你）。

正確的態度意味著你必須全力以赴：不只有今天而是每一天；不僅在事情很容易的時候，也在事情非常糟糕的時候。

正確的態度意味著要多走很多路，付出更多努力，甚至在你覺得很累、很生氣、準備辭職不幹的時候。別人可以不幹了，但你不行，因為你是法則實踐者。

正確的態度就是昂首闊步，絕不抱怨，永遠保持正向積極。永遠挑戰自身的優勢與能力極限。

正確的態度是建立標竿，並遵守標竿。清楚了解自己的底線，知道什麼時候該站出來捍衛自己。

正確的態度是意識到你有極大的力量，你會用善良、懂節制、人性化又體貼的態度行使這種力量。

你不會傷害別人，不會冷漠無情或操縱別人；當然，你會利用別人的懶怠、冷淡或錯誤態度，因為那是他們的問題。你會站在更高的道德角度，無可指責。正確的態度是善良又果斷、溫和又敏銳、體貼又成功。

法則11

保持熱情但別燃燒殆盡

這不在於你如何工作，而是關乎你的個人感受。

我希望你對工作懷抱熱情。不論你對於工作的滿意度源自於一起工作的人、成就感、對工作的認同感、受到的讚許、賺到的薪水，還是其他任何東西，我都希望你從這份工作中有所收穫，而且工作時保有熱情。

但是，不要落入一個陷阱，那就是：保有熱情就得長時間工作，並跳入無數的迴圈來證明這點——**「保持熱情」和「在辦公室待到很晚」完全不一樣**。如果你對你的工作有正向信念，對它懷抱熱忱，自然就會發光，如此一來我相信，不管你投入多少時間，你的上司都會了解，也會感激你。

切記，沒有必要為了對工作保持熱情而工作到筋疲力盡。其實，要對一份慢慢耗盡能量的工作保有熱情十分困難。所以，重點在於你完成了多少，而不在於你花多少時間完成。你可能會說，如果真的很有熱情，應該可以在很短的時間內，取得和別人一樣的成果。當然，但這不代表你可以在中午就回家，不過的確意味著如果你和別人一樣在下午五點半下班，一樣可以保有很高的產值。

對工作充滿熱忱，通常被視為一件「好事」，也被視為很在乎是否做好工作。這不在於你如何工作，而是關乎你的個人感受。所以你不需要用長時間工作來證明熱情，這不代表什麼，因為就算一天工作十六小時，也很可能沒人在意你做了什麼。這是很悲慘的人生——的確，但我知道有人就是這樣。

所以，請培養出正向積極的工作態度。如果你無法提起熱情，就找出能讓自己真正在乎工作的新方法，或找出對你來說，能產生熱情的方法並在工作中實踐它。現在，我不會說這件事情很簡單，因為對某些人來說，這的確需要花一生的時間去探尋，但我能保證的是，如果你不去尋找，就永遠不會發現工作的熱忱。

法則12 能量管理

你的工作就是確保需要時，隨時都有能量可用。

你聽過時間管理嗎？當然，你一定聽過，每個人都聽過。我希望你擅於時間管理，並盡可能地做得更好。總是有機會能把時間管理得更好，如此一來，工作越有效率，達成的成果就越多，也會有更多自己的時間。

與此相對，沒有被廣而告之的是，你還需要管理你的能量。我不知道為什麼從沒有人提過這件事，畢竟能量也是最重要的資源之一，而且它不會有所保留。你必須為工作注入許多能量，而你的工作就是確保需要時，隨時都有能量可用。

在某種程度上，這意味著必須照顧自己的身體能量，讓自己身體強壯又健康，隔天需要工作的話就不要耗損自己的能量。就像我們讓孩子準時上床睡覺一樣，因為隔天要上學，所以你也不該太晚睡、暴食、喝醉、消耗能量、不吃早餐或做出任何會減損工作能力的事。

另外，也別忘了你的精神能量。一天之中的哪個時段是你工作能力最好的時候？是吃飽的時候，還是沒有飢餓感、覺得舒適的時候？什麼樣的環境可以讓你的工作效率最好？是安靜、忙碌、緊張、吵雜、友善？每個人的狀況都不一樣，你可能無法完全掌握工作日的一切，但可以確保需要集中注意力的任務有哪些，從而分配在你最能集中注意力的時候，去完成最重要的任務。

當然還有情緒能量。如果家庭生活不愉快，請在出門工作前的早晨，找到改善情緒的方式，好讓你的工作不會受到情緒影響（更多細節詳見法則十四）。再說一次，如果你帶著情緒壓力去工作，你需要一些有建設性的方式來提升你的能量，好比：午餐時去跑步、和讓你感到煩惱的人談談、和主管談論你的憂慮。

最後，為了讓你感到充滿能量，精神層面也需要有伸展的空間。對某些人來說，這可能是在工作之外，而對另一些人來說，則或許需要做一點能帶來強烈道德感的工作。只有你知道自己需要什麼，總之別讓工作束縛了你的精神能量，否則對你和工作來說都會萬分痛苦。

法則13

不要讓別人知道你有多努力

要做到這一點，必須非常熟稔你的工作。

看看維珍集團（Virgin Group）的董事長理查·布蘭森（Richard Branson），他看起來老是在玩——搭熱氣球、住在改造遊艇、飛去美國。你不會看到他坐在辦公桌前接電話、處理文書，他少數工作日裡所做的事情，都是他必須親自處理的事，但我們不會看到這一面，所以我們看他就像是商場的花花公子、逍遙自在的企業家、精力旺盛的娛樂家。這是討人喜歡的形象，他看起來也很樂意配合演出，何樂不為呢？

這是勇敢的法則實踐者想要培養的一種形象——溫和、隨和、自在、閒適，一切都在掌握中且樂在其中。你不會衝來衝去、不驚慌也絕不會看起來很匆忙。對，你可能每天熬夜到日出時刻，但絕對不會承認、不會表現出來，也不會抱怨你多努力工作、你花多少時間工作。對其他人來說，你根本沒花什麼力氣，總是輕鬆以待，從容應付。

很顯然，要做到這一點，必須非常熟稔你的工作，如果不夠了解，就會在嘗試這條法則時大跌一跤。所以，如果你不夠了解目前的工作，你可以做什麼呢？挑燈夜戰、增進工作技能、努力學習、吸取經驗和知識、多讀多問、有錯則改、刻苦用功，死記硬背直到你對自己的工作瞭若指掌。先做到這件事，你就能悠哉以對，看起來又酷又自在。此外，這條法則裡還有幾條規則：

- 千萬別要求延長時限。
- 千萬別求助，這等同於承認能力不足，但可以要求指引、建議、資訊、意見。
- 千萬別發牢騷或抱怨你有多少工作要做。
- 學著自信果斷些才不會負擔過重。這不是要讓別人知道你工作有多努力，而是不會讓你自己過度工作或過度疲勞。
- 永遠不要被別人看見你狼狽的樣子。
- 持續尋找能減輕工作量的方法（當然，是要不被別人發現的），還有加速完成工作的方法。

法則14

私生活留在家裡就好

一個人心不在焉時，就無法全然投入並享受其中。

上班時，只能專注在一件事情上，就是好好工作。如果在上班時間老是想著家中的事，別人會覺得你沒有真正投入在工作中，而說實話，這樣的想法或許是對的。

想想你過去或是現在曾一起共事的人，是誰老是抱怨家人、各種家事或私人生活：抱怨他們的媽媽、期待假期趕快來臨、討論上次的足球賽、抱怨交通、告訴你他的聖誕節計畫。在這些人當中，有多少人會被你描述為對工作充滿熱忱、努力工作？恐怕是沒有。

話雖如此，也不用過於隱密自己的私生活，搞得甚至就連同事都不知道你有小孩、媽媽住院了或是你其實很喜歡釣魚等。你要做的是把私生活放在工作之外，上班的時候只專注於工作上，如此一來，可以讓你在最短的時間內，以最有效率的方式完成工作，從而能讓你的上司、你上司的老闆認為你是一個專注力強、積極的員工；也能讓你更享受工作，表現得更令人滿意。一個人心不在焉時，就無法全然投入並享受其中。

記得，你的同事不需要了解你的私人問題。當然，你需要有位能發洩情緒和傾訴困擾的好朋友，但不是在上班時間。如果你的同事恰好是你的好朋友，那麼「下班後」再約出來喝一杯聊聊你的問題。聽好，每個人都有生病的父母或在學校面臨困難的孩子，或是煩人的鄰居、讓人喘不過氣的貸款、討厭的小姑週末要來訪作客等，但是，同事不需要聽你的煩惱——抱歉，事實就是如此，我不是沒有同情心，而是這個時間或地點都不合適。

當然，我理解有些偶發的重大事件會影響到你的工作情況，但這些是非常罕見的特殊事件，例如：離婚、喪親。沒錯，在這種情況下你沒辦法在工作時隱藏思緒，所以你應該讓主管知道這幾天、這幾週你為什麼不能表現得和往常一樣傑出。不過，如果你非常努力工作，總是保持專注且不讓私生活影響工作的好名聲早就遠播在外，那麼，當你真的需要別人同理時，周遭的人也會更能理解、同理你的處境。

Chapter 2

別忘了你隨時都在被評價

Know That You're Being Judged At All Times

關於我們的「每件事」都在傳遞「訊息」給別人，比如：我們的穿著、開的車、去哪度假、說話和走路的方式、午餐吃什麼……，我們的一切都受制於別人的評價。

本章的法則是關於如何讓你在他人眼中保持正面評價，進而推動你的事業。如果你之前從未想過這些，本章的這些法則能幫你認知到你所發出的訊息是什麼，以及如何改善這些訊息，進而讓其他人順利接收到。

你無法阻止他人對你做出評價，但你可以改變這些評價、有意識地影響這些評價的走向，而這些法則是關於如何抱持格調、自信、聰明、裝扮整潔、圓融行事。

法則15

除了握手，不要有其他肢體接觸

這就是個地雷區，你不會想選這條路走。

之所以不需要和同事有肢體上的接觸，原因很多。就像是有很多法則一樣，如果你把法則套用在所有事情上，就能讓你的生活更簡單些。所以記得除了握手，不應該有其他任何的肢體接觸。如此，會讓你有一種超脫、獨立、自主的氛圍，非常符合法則實踐者的身分。你超然獨立於群眾之外，友善但不會過度友善；你的同事可能無法意識到為什麼你總是看起來有點疏離，但絕不做肢體接觸絕對是原因之一。

更重要的是，如果你不隨意碰觸別人，就不會發生「不恰當」碰觸他人的情形。

對，我知道你沒有這個意思，但他們對「不恰當」的定義和你的一樣嗎？在什麼場合下他們會勾肩搭背地站在一起、手放在對方的背上、輕輕在對方手臂上揍一拳，或是來個祝賀的擁抱？每個客戶和每個同事對這種行為的定義都有所不同，你要如何評估、一一記錄下所有差異？**所以最簡單的方式，就是不做任何肢體接觸**。

每次碰觸代表的意思也不同。即使沒有被解讀成不恰當的行為，也可能被視為一種傲慢，甚至是怪異的舉動。另外，這和雙方是男是女、是異性戀還是LGBTQ+、年紀小還是年紀大、資淺或資深無關，這就是個地雷區，你不會想選這條路走，所以幫自己一個忙，別這麼做。

當然握手就不同了，不握手可能是很失禮的行為。因此，無論如何都要想出有個人風格的握手方式（詳見法則十六），但握手時絕對不要輕拍別人的肩膀，這就超過這條法則的意思了。如果在你的行業中，每個人都習慣擊掌示意，那就要意識到這只是一種形式的握手，也就是說，這就是一個簡單的擊掌，不需要其他的花招。

那麼工作之外有往來的同事呢？即使是法則實踐者也多少會有幾個這樣的同事。你要和工作以外的好友怎麼互動是你的事，但只要是在工作時間、工作地點，就必須嚴守這條法則。

法則 16

「握」出可靠有力的感覺

忘了擊掌吧！那可是共濟會或幫派的奇特作風。

我們經常握手，而且通常是不自覺的。想一想，一般週間的工作日中，你需要握手幾次呢？其實在短暫的握手時間內，可以傳遞非常多的訊號，所以，你應該讓「握手」這件事，賦予你一種充滿自信、值得信賴，讓人消除疑慮的感受。當別人和你握手時，你要在對方心中留下強大、自信、有能力的印象，你是一個完全有自制力的人（沒錯，你就是這樣！）。如果你對握手方式的「正確性」有疑慮，問問看朋友的意見吧！

怎樣可以做得更好？**給出可靠的感覺**。你可以用另一隻手輔助性地握住你自己的手和老闆、同事或客戶的手，但不要太用力，別讓他們的手指受傷了。

你可以隨時調整你的握手方式，讓你的握手方式變得更獨樹一格，令人難忘。我的祖父有絕佳的握手技巧，他用他的前兩隻手指（食指和中指）加上大拇指，非常緊實地握手，感覺就像和皇室握手一樣。

握手是非常正式又老派的社交禮儀。對了，忘了擊掌吧！那可是共濟會式的奇特作法[2]或幫派的作風。謹守這種老派的握手風格，你在別人的印象中就會是個自信又可靠的人。

懂得正確握手方式的人會先伸出手；他們藉由主動握手並報出自己的名字來展露自信，從而表現出敏銳、友善、輕鬆自在的態度以及一種充滿魄力的氣質。另外，他們也會看著你的眼睛，然後複誦你的名字；人們喜歡藉此聽見雙方的名字，這也是能加強記憶的方式。

當你報出姓名前，會不會先說「你好」？如果會，這就對了。或者想輕鬆、友善一點，說「嗨」也可以，你自己決定，但好的法則實踐者會說「你好」再報出姓名。

另外，報出名字的方式也要很正式、老派。我們不會用「嗨，我是阿里，行銷部的」這種方式介紹自己，雖然這樣親和力十足，也非常友善，但沒有人會對你留下深刻印象，如此完全沒有任何好處、優勢，只會把自己降到最資淺的新人等級。所以，請這樣說：「你好，我是阿里．辛普森，行銷部經理。」這樣說馬上就能把你和其他人區隔開來，顯得你比其他人資深許多。正式的自我介紹，再加上一個可靠、自信的握手方式，其他人就會對你唯命是從。

2 譯者注：共濟會是神祕的兄弟會組織，有他們自己才知道的奇特握手方式，一般人無從知曉其中的祕密。

法則 17
散發自信與活力

一大早走進辦公室時，你的步伐應該輕快有活力。

我曾為一群女性商人做過一場有關壓力管理的演講。我走到前方開始演講之後，發現沒有能放筆記的講台（不過我也沒有筆記），也沒有地方可以站，不過後面有一張桌子和椅子，但如果我坐在那邊，後排的人就看不到我，而且又會顯得整場演說過於呆板和太正式。

我可以站在那邊，雙手揹在背後，看起來就像查爾斯王子（Prince Charles）在和皇宮工作人員說話一樣；我也可以站在那邊，雙手放在身體兩側，或是手掌交疊放在鼠蹊部前方，看起來就像個窘迫的青少年。但我要談的是壓力，以及如何管理壓力，所以我要讓自己看起來自在又冷靜，就像我在實踐我正在宣揚的論述，也就是我要

「言行一致」，我要實踐我說的話。

於是，我決定坐在桌緣，如此我可以搖晃我的腳、身體可以往後倒也可以往前傾，如果我想要的話甚至可以躺在桌子上。很多年以後，我遇到曾參與過這場演講的人，她說她已經記不住我說了什麼，但她記得我看起來有多自在，以及當我結束演講之後，「跳起來」站起身去和當地記者合照。我其實也有點記不得了，但她說我看起來很有自信、很放鬆且充滿活力。

這就是我們的目標。當你一大早進辦公室，步伐應該輕快有活力。其他人看起來步履蹣跚，就像宿醉，或才剛匆忙起床，或因長時間通勤感到疲憊，但你不同，你會用一種有朝氣、有能量、準備好面對工作的形象抵達公司，繁重的工作對你來說就只是件小事，不足掛齒。記得，寧願走快也不要慢慢走，因為「快」表示敏銳、有活力、非常清醒、充滿生命力，準備好迎接今天的挑戰。

不過也要注意不要過快，否則會顯得匆忙。你要讓一切都暢然自若——不著急、不怠惰，也不會被嚇到或遭受打擊。你要讓一切看似輕快、新鮮，對所有事情充滿活力和熱情。

法則18 找出備受矚目的個人風格

先別想著喬治男孩，想想看卡萊．葛倫；別想著瑪丹娜，想想看洛琳．白考兒。

所謂的「風格」，代表高雅、有禮、文明、精練、優雅、內涵、有教養、眼光敏銳。你要建立起能讓自己備受矚目的個人風格，讓人注意到你有這些特質。把頭髮染成紅色、只穿慈善古著店的二手衣服確實也是一種風格，會讓你被注意到，但這不是法則實踐者想要的那種矚目。

先別想喬治男孩（Boy George）[3]，想想卡萊．葛倫（Cary Grant）[4]；別想瑪丹娜（Madonna），想想洛琳．白考兒（Lauren Bacall）[5]。他們都具備個人風格，都吸引別人的注意，但相信我，卡萊或洛琳才是你想要的風格——經典、雋永、有品味。如果你想擁有這種風格，可以參考以下建議：

- 建立象徵性的穿衣風格，並堅持這個原則：選擇一種造型風格，讓它成為你的象徵，例如：總是穿黑色，或亞曼尼（Armani），或有一款優質的手提包或公事包系列。
- 只買預算內最好的東西。
- 不穿任何過緊的衣物：寬鬆一點的衣服看起來比較有品質且優雅，而過緊的衣服看起來品質較差、顯得廉價。
- 少即是多：別買珠寶，但只買和只穿最好、最精美的服飾。不要穿沒有在一定價格之上的衣服，你會發現如果你限制只能買最貴的東西，可以幫你過濾任何可能被視為品質不佳或品味不佳的東西。換言之，砸重金在刀口上能讓你看起來更有品味。

3 編注：英國知名男歌手，以妖艷的女性化造型和獨特低沉的磁性嗓音為人熟悉。
4 編注：已故知名英國男演員，總是西裝筆挺的紳士形象。
5 編注：已故美國好萊塢女演員，形象端莊典雅，以其低沉性感的嗓音聞名。

- 讓你的外表成為你的象徵，讓人一眼就看出是你，而且還很有個人風格：如果你會化妝，就化最適合你的妝、能讓你看起來更好看的妝。不要因為季節或潮流就改變你的妝容。
- 總是認真打扮自己，會比不打扮好：「正式」是最好的形象，不正式最糟糕。
- 確保你的配件都和你的衣著能互相搭配，是有風格、不廉價的、寬鬆的、有辨識度、有品味的。反之，若只有外表衣著好看，但拖著老舊又殘破的公事包到處奔走，其實沒有意義。當然，除非那就是你的「象徵」，如果是這種情況，那你的公事包肯定要非常老舊、非常殘破或非常昂貴，才能展現出你特有的個人獨特風格。

法則19

注意個人服裝儀容

每天都要像面試日一樣認真。

每天、每個早晨，你都要檢查自己的服裝儀容是否在最佳狀態。細節至關重要，稍微輕忽一個細節就會被注意到，而這件事很可能就是造成「升職加薪」或「無法晉升」的重大差異，所以每天都要像面試日一樣認真。

出門工作前請先確認：

- 鞋子擦亮，鞋況良好。
- 衣服燙過，乾淨、看起來很新、狀態良好，沒有線頭脫落、衣服破洞、撕裂或裂開的情形。
- 洗好澡，重點部位除臭。

- 每天洗頭髮，並固定修整頭髮，維持一貫的髮型風格。
- 男性要修整鬍子；如果臉部有毛髮，請檢查有沒有雜毛、碎屑、卡住小蟲、細毛或黴菌。
- 女性如果有化妝，請以好看、一致和完整的簡單妝容為標準即可。
- 牙齒保持整潔，定時檢查牙齒，口氣保持清新，舌頭也要清潔（不可以有黃色的舌苔）。
- 指甲保持乾淨，修剪整齊。
- 手部保持乾淨，不該有自己修車、做家具、修整草木所造成的指甲髒污。在做容易弄髒手的事情時，請帶醫療用的手套，以免指縫殘留污垢。
- 如果有抽煙、喝很多咖啡的習慣，請注意牙齒（或抽菸者的手）是沒有被染色的，也要食用薄荷或口香糖避免口臭。
- 鼻子（和耳朵）的毛髮要修剪乾淨或除毛。
- 如果有戴眼鏡，注意這副眼鏡是否適合你，並每年汰換一次，保持視線清晰。同時也要注意戴起來是否舒適，眼鏡狀態是否良好，比如：鏡片有無破裂或其他的修整痕跡等。

你不用變成自戀的人或時時照鏡子看自己，只要檢查過儀容整齊乾淨，就可以放輕鬆，保持狀態即可。我曾和一位女性一起工作，她每喝完每一杯咖啡或吃完麵包就會去清潔牙齒。這麼做沒什麼不對，只是容易引起別人的注意，同事們都覺得她奇怪又偏執。她不是錯在頻繁清潔牙齒，而是老是製造很大的動靜，只要稍微謹慎一點就可以了。

法則 20

保有吸引力

好看的關鍵在於笑容和眼神。

這點無庸置疑，甚至有統計數據背書：好看的人比沒那麼幸運的人過得更好——也就是說，好看的人不用那麼努力就可以過得好。

那麼，是什麼讓人好看、有吸引力呢？如果你只是看著某個你覺得很有吸引力的人，很難發現是什麼讓他們變得那麼好看。

所謂的「有吸引力」很難被清楚定義，看看以下這些好萊塢明星，例如：麗莎·明內利（Liza Minnelli）、伍迪·艾倫（Woody Allen）、茱莉亞·羅勃茲（Julia Roberts）、西恩·潘（Sean Penn），他們都不是所謂標準好看的臉龐，但我們都會覺得他們富有魅力、耀眼迷人、充滿吸引力、超群不凡。他們就是你的榜樣；他們充滿生命力、氣質風采、精彩人生、力量和性格。

你也必須要有這些特質，而這些可比追求外貌容易多了。**只要知道自己無時無刻都在被評價，就會變得有吸引力**。如果你穿著得當、注意個人整潔、有涵養且隨時保持微笑、狀態良好俐落，給人友善、溫暖、得體又周到的形象，就會讓人覺得充滿吸引力又好看。好看的關鍵在於「笑容」和「眼神」。笑容可以點亮整個環境，迷人又有力量；炯炯有神的雙眼充滿生命力，就會讓我們覺得整張臉都變得很好看。

另外，吸引力也與姿勢和體態有關。如果你意志消沉，就會散發出陰鬱、低落的氣場，毫無吸引力，一點也不好看。所以，你的走路姿態應該要保持挺拔、自信、堅定，就和你的握手方式一樣。

記得，關於自己的一切外顯表現，都應該散發出神采飛揚、快樂有自信，這就是吸引力。說到底所謂的吸引力，就是一種「自信」。

另外，你的裝扮應該要無可挑剔，衣著品味高超，風格獨特卻又不失溫文爾雅，如此整個人就會散發出一種風度翩翩、出類拔萃的感覺，這也是一種吸引力。因此：

你不要：

- 無精打采。

・委靡不振。
・看起來邋遢。

你要：
・把任何會被視為沒有吸引力的缺點都打理好，比如：臉上的痘子、口臭、爛牙、視力不好（拜託別再瞇著眼看東西了，趕快去配一副好眼鏡吧！）

法則21

保持穩重

始終保持有教養、精明幹練的形象。

工作時你應該隨時保持沉著穩重，無論如何都不要失去莊重感。如果有辦公室的變裝派對，你可以和大家一起說說笑笑，但是變裝的事讓他們去做，請和辦公室那些沒意義的事情保持距離。這麼做會讓你顯得很疏離？傲慢？自大？不會，因為你是法則實踐者，你知道這些法則能讓人們仰慕、喜歡並尊重你，所以不需要扮成貓王或仙女或任何今年要求的變裝主題。

切記，隨時保持冷靜、慷慨付出，成為最強的工作後盾，至於那些小丑面具就讓別人去戴（至少在工作的時候）。簡單來說，在工作場合上，隨時保持有教養、精明幹練的形象，很重要。

面對事實吧！你是來工作的，這也是為什麼公司要付薪水給你，你可不是去那邊讓自己出醜的。只要你完成工作，並且做得很好，要不要參與這種活動就看你個人意願，你可以選擇參與所有辦公室社交活動，或是保持距離先走一步。雖然，這會讓你遠離同事，但也因此讓你邁向「成為同事們的上司或管理者」的目標更進一步了。

話雖如此，這可不是說你不能和同事聊天說笑，但要是顯得太友好或太有私交，會讓你很難升職到他們之上。如果你馬上就要成為他們的主管，那就保持一點點距離，這麼做也能讓你顯得更加沉著。

如果你不知道什麼叫沉著，試著打「沉著」（cool）這個字到搜尋引擎，然後用同義詞選項，找找看反義詞有哪些。你會找到：熱情（warm）、興奮（excited）、不時髦（unfashionable）。熱情的部分你可以想想流汗的手——不沉著；興奮的部分可以想想聖誕節的小孩——可愛但也不沉著；至於不時髦，想想厚實的羊毛衫——雖然保暖但看起來不沉著。

所以我們要：

- 不熱情——不要汗流浹背。
- 不興奮——不驚慌失措。

・不時髦——和所謂的追求時尚完全不同，我們要的是雋永有型的時尚，而不是追逐潮流。

保持沉著的人會顯得自在又自制。遇到危機時，他們不會著急到驚聲失措，而是執行安全流程，冷靜且順暢地面對情勢。他們始終保持穩重，頭腦冷靜且從容，這些人，就是當別人遇到困難時率先想要求助的對象。

你不會去尋求一個容易驚慌失措的人來幫忙，而是會找一位沉著、冷靜和穩健的人，對吧？

法則22 好好說話

所謂的「好好說話」，就是把訊息清楚有效地傳遞出去。

「好好說話」是什麼意思？是要你模仿新聞主播的說話方式，要說「房屋」而不要說「房子」，還是要說「燒毀」不要說「燒掉」嗎？當然不是！你可以保留你原本的說話方式，這不是問題所在。

想想看我們為什麼要說話？是為了溝通、為了傳遞訊息，而不在於如何說話。因此，好好說話的意思，是讓訊息被清楚有效地傳遞出去，**無關於你如何說話，在於把話說清楚**。要把話說清楚的重點很簡單，就是「說清楚」。所以，你必須避免：

- 說話含糊不清：這個原因很理所當然，這種說話方式不僅別人聽不到，也聽不懂你在說什麼。

• 說得太輕柔或太小聲：理由同上，這樣別人會聽不到。

• 用專業術語：隸屬不同部門或專業領域外的人，會無法理解。

• 任何會把你歸類為特定族群或社交階級的言論：比如，街頭流行語這種非工作用語，不僅不會讓你聽起來很酷，反而會很做作；即使是工作之外的日常用語也是。

• 用詞簡單：當你想說「少一點」的時候說「較少」，諸如此類。如果你不知道差異，打開文法書看一看，用心背下來。此外，也不要習慣性地使用「你知道的」或「類似」這種無意義的贅字或口頭禪，一定要把話語完整表達。

另外，記住以下四個關鍵字，可以幫助你把話說好：

- 聲音宏亮。
- 口齒清晰。
- 語氣愉悅。
- 言簡意賅。

這就是你要知道的事！只要妥善運用以上四個說話關鍵，就不會出錯，別人也會記得你說了什麼，同時對你清楚、宏亮的說話方式留下深刻印象。

「好好說話」對於工作上的一切至關重要。如果你毫無生氣、含糊地說出自己的名字，別人會覺得你沒有自信、局促不安，幾乎沒有存在感，如此一來，很快就會忘記你。反之，如果你有自信地走進來，清楚、有自信地報上姓名，別人會覺得你很清楚知道自己的方向、你是誰、你想要什麼，也就會因此記得你是誰。

最後，言簡意賅——直接說你想說的事，別扯閒事。

法則23 好好寫字

如何書寫讓他人容易讀的字跡，是非常重要的事。

我們寫字有兩個目的：寫給別人看，或是寫給自己看。你要怎麼寫給自己看都沒關係，可以潦草地寫下別人看不懂的註記，或寫得像五歲小孩的字都無所謂，只要別人看不到就好。但是，你怎麼寫給別人看就是非常重要的事，因為別人會根據這些，對你做出評價：

- 你寫了什麼。
- 你的字跡好不好看。

嗯，但你說你不寫字，都用打字的，好吧！那你選什麼字型？為什麼？字型大小選多少？為什麼？而且你終究是要簽名的吧！這就是寫字。你的簽名就是讓別人評價的依據。我曾被說我的簽名看起來是很有錢的人。很好，雖然事實並非如此，但確實更貼近我想扮演的角色形象。

最後的重點是：簽名要簽大一點，畢竟所謂「大人物，大簽名」，法則實踐者的目標，就是要成為大人物！

另外，如果你經常需要手寫，要注意：

- 易讀：一定要讓每個人都能讀懂，不然寫字就沒有意義了。沒努力做好這件事很失禮。
- 乾淨：沒有劃掉的痕跡、所有筆畫平均分配，諸如此類。
- 有風格：這個字或那個字多一些些不一樣的筆劃點綴。
- 成熟：字體圓潤且相連。
- 一致性：寫到最後的字體應該和一開始的字體相同。

另外，還要注意字距和字體的斜度。你可能不知道，不管是簽名還是其他形式的寫字，字體朝向紙張右下傾斜的人，表示比較抑鬱，反之，樂觀的人會朝上傾斜。此外，也要注意不可以有錯別字、語法得當，如果做不到的話趕快去學好。如果你是經常打字的人，請搭配使用文法和拼字檢查工具。

如果是經常需要英文打字的人，請使用十二號字，Times New Roman或Arial字體（編按：目前較通用的中打字型為細明體、標楷體和細黑體），偶爾才用斜體、粗體或下底線。千萬不要混合各種字體或字型大小，如此，會顯得你是一個不穩定、不成熟的人，而且會讓人感覺你只是因為覺得好玩才這麼做，個人形象會因此大扣分。

法則24

小心網路社群的發文內容

你肯定這些東西不會引起關注或造成冒犯嗎？

你知道你隨時都在被別人評價、看在眼裡，這應該不成問題，因為你一直表現得很完美，不是嗎？然而，這樣的完美不能只有在工作時才無可挑剔，任何時候、任何地方都要保持完美，因為在工作場合之外，還有很多人在觀察著你。

你想不到有誰可以在社群平台上看到你，或者誰明天決定關注你。所以你每一次的發文，都要想像一下你的主管、執行董事、你的大客戶、覬覦你工作的團隊成員、現在正想要挖角你的兩年前離職同事……，我可以保證，即使現在只是你的想像，但也只是時間早晚，這些人之中的一、兩個人真的會看到你的發文。

這些發文可能是你在評論昨晚看的電影，或上傳一張新生兒的照片，或分享了覺得很有趣的事，或表達你的政治觀點，或賣了什麼，或呼籲大家加入你支持的倡議運動。你能肯定這些東西不會引起關注或造成冒犯嗎？恐怕是不行，有些人可能和你的取向相同（如果是就太好了），但請先啟動你的過濾器，確保任何工作上遇到的人都很樂意看到這些，不論是現在還是未來。

對，未來。有些回覆或意見在此刻的接受度可能比較高，但過幾年就不見得了，想想有多少人過去發布的東西又被挑出問題來。在大多數情況下，如果他們當時想清楚了，可能就會重新考慮要不要發這些文（或是發表他們的意見）。

過去幾年裡，我在面試一些高階或重要職位時，查找並瀏覽候選者的社群平台，這已經變成我的標準流程。我這麼做只是確認一下，如果我錄取他們，不會為公司帶來任何難堪的麻煩。如果真的有麻煩，這些事情對於公司的影響會很嚴重，除了內部動盪，還有重新刊登職缺的成本。

現今這種事情越來越普遍，如果你要用社群平台，就不能完全不考慮自己現在的工作，所以請確保沒有不必要的麻煩，發文前請謹慎些。

Chapter 3 有所規劃

Have A Plan

你知道自己的目標是什麼嗎？如果不知道，恐怕你哪裡也去不了。最聰明的法則實踐者完全知道自己要去哪——他們有規劃，並且已經規劃未來六個月、一年、五年，自己前往目標的途徑；他們計畫好自己的闖關遊戲，也知道該如何進行遊戲，而你也要這麼做！

另外，法則實踐者會根據情況保有個人彈性和轉換計畫。他們可不是死板的思想家，他們既聰明又靈活，會根據實際情況，隨機應變。

法則25

制定長期目標計畫

如果你沒有計畫，就很容易失去目標，隨波逐流。

告訴我，你人生的闖關遊戲計畫是什麼？不知道嗎？還沒想過嗎？大多數人都不知道，這就是他們失敗的原因。如果你沒有計畫，就很容易失去目標，隨波逐流——在生活的漩渦中載浮載沉，這很令人難過。法則實踐者不一樣，他們會分別為自己規劃「長期」和「短期」的目標。

長期計畫可以非常簡明，比如：受到認可、升遷、到達巔峰、退休、死亡，或者也可以很理性實際。如果你打算深入某個行業，最好仔細鑽研你選擇的產業的遊戲規則。你必須為「意外」和「不可控」事件建立一套明確的應變措施，但精明的法則實踐者在看到指示燈和讀到訊號時，就會馬上修改他的長期目標。最近我和某人談話，他說：「誰能預料會裁員呢？」答案是：任何有腦袋的人都應該看懂所屬單位的未來走向。

所以，好好研究你所選的產業，看看要走到你想要的職位有哪些升遷的步驟；想想你需要什麼才能完成這些步驟，並想想有多少步要走——通常不會多於四步：初階、中階、高階、管理層（除非你想走到這裡，否則不要寫下來）；想想在每一步中你想得到什麼，例如：經驗、扛起責任、新技能、人員管理的祕訣等。你會發現「增加收入」不會成為你的選項，因為如果你是法則實踐者，這就不是選項了。

另外，也想想每一步是怎麼走的，可能是轉到另一個部門、轉到另一個分公司、獲邀成為合夥人、獲邀參與董事會、轉到另一間公司等。**一旦你知道每一步怎麼走，就不需要花很多工夫了解你需要做什麼才能達成目標**。

最後，你必須有一個遊戲終點，也就是最終目標。它可以是你喜歡的極致顛峰，比如，世界的女王、首相、執行長、世界上最有錢的人……，都可以。這是一個夢想，所以沒有限制。如果你為想像設限，那你就只能將就，得不到最好的、最完美的，也得不到你應得的。嗯哼，但你說我們要實際點，好吧！那就實際點，但法則實踐者會朝著最遠的夢想前進，不是頂尖的東西就永遠不夠好。

法則26

建立短期目標計畫

所有計畫都應該包括「實際執行步驟」，如此才能付諸實踐，讓夢想成真。

短期目標是多短？這完全取決於你自己。我有三個短期目標，分別是這個月、這一年、這五年，這樣的時間斷點對我來說，剛好有足夠的資訊來規劃我的工作量。此外，短期目標中我也會加入關於家庭生活的規劃，好比我可以規劃一些假期、學校變動、修整花園、房屋的計畫以及生日、聖誕節的慶祝活動等。

那麼該如何規劃短期目標呢？原則上：

• 「一個月計畫」應該清楚地列出目前的工作計畫，例如：期限、優先任務、日常事項等實際進行的事項。

- 「一年計畫」應該要有被規劃、在計畫內、要發表的各種計畫，這些是關於計畫本身而不是該如何執行。
- 「五年計畫」應該有想法、夢想、目標、願望、欲望等，這些是為你某天要做的某件事情而準備。

至於「職涯規劃」應放在長期計畫中，而在短期計畫的「五年計畫」裡，則會列出任何你為了實踐長期計畫的實踐步驟。

另外，我會分別寫下這三種短期計畫的紀錄。「一個月計畫」會放在桌上的筆記板，有一個單獨的表格用來填寫任務期限、回撥電話、要完成的事項。我想這有點像行事曆，但沒有日期。

「一年計畫」會貼在牆上，這不是一個壁掛式表格或年度計畫，而是一張劃分成十二個的獨立表格。每個表格裡有各別的月份相關資訊，也就是那個月份我想做的事——記得，是我想做的事而不是我必須做的事；或是適合預先準備的計畫和活動，這是短期計畫而不是待完成事項的備註或工作行程。因為我是自由工作者，我必須自己找工作來做，而這件事要在一個月計畫裡完成，或一年計畫裡必須產出完成的工作，也就是我果腹的麵包和奶油。它是由我想做的計畫和我必須做的計畫所組成，我必須做的事就是麵包，我想做的事就是奶油——像這本書，不管計畫還是寫作時都讓我很快樂。

我的「五年計畫」是我的大方向：接下來五年我想做怎樣的工作？你的短期計畫應該包括你必須做的事，但大部分會是你想做的事。至於更短的計畫，看起來更像是你的工作行程，而不是願望清單。

最後，所有計畫都應該包括「實際執行步驟」，是能付諸實踐，進而讓夢想成真，否則它們就不是「計畫」，只是一些模糊不清的想法。

任何計畫都需要建立應變措施。當有人打電話給你說有某項新計畫時，你可不能因為這件事情不在計畫內就掛掉電話。你必須保有彈性、隨機應變，畢竟有時計畫趕不上變化。

法則27

了解升遷體系

你必須把握每一天，為自己創造運氣。

職涯剛起步時，你處在最低位階，用尊敬與景仰的眼神抬頭仰視主管、經理、常務董事。有一天，必然地你也會逐漸成熟、有了更多的經驗，從而爬到高位提升自己。對多數人來說，職涯規劃要麼是想辦法晉升，要麼就是自行創業。

不過大部分的情況是，多數人在職業生涯中，他們以閒散、不知所以然的態度往上走，到了某個位階之後，就會開始分心並停留在他們覺得自在、習慣和快樂的舒適圈，到此為止，不願意再向上努力爬升。與此同時，職涯發展告終，遊戲結束，令人惋惜。除非這就是你想要的，但如果你是一個堅定的法則實踐者，我會對此表示懷疑——這真的是你想要的嗎？

法則實踐者絕對不會含糊不清地遊走或閒晃到某處。你有計畫、你了解體系且懂得運用；你知道自己要做哪些事，才能讓你從A點抵達B點，然後持續向上走到Z。如果你也想要走上這條路，並受惠於此，就要徹底了解所屬單位的「升遷體制」。坐等事情發生，或是等待命運出手相助、靠著運氣或從天而降的機會把你往上拉，這根本是不可能的事情。**你必須把握每一天，為自己創造運氣**；你必須清楚地知道如何避開所有平庸的地雷，在體系中提升自己。

所以，你所處產業的升遷體系是什麼？你知道嗎？你曾經研究過嗎？研究看看在你之前的人，他們的背景是什麼。如果你還沒研究過，那現在的你，很可能是靠著運氣才到達此處。當然，這樣也很好，也許你可以靠著運氣到達你想去的地方，但這終究不可靠。就像是買彩券，希望可以一夕致富，就可以退休了——這有可能會發生，但也有可能不會發生。

因此，請製作一張升遷制度圖，看看你需要做什麼：

- 往上看看在你的產業中，能擔任的最高階職位是什麼（或是你可能可以期望達成的最高職階，把它標註起來）。
- 現在，看看最低職階是什麼，一樣標註起來。

・再畫下兩者之間的所有步驟。
・標出你現在的所在位置。
・最後，列出要到達目標的所有步驟。

現在你有了自己的升職圖表，過程中，你可以逐一劃掉已完成的步驟。另外，同樣的步驟原則也可以套用在你決定自行開創的事業，而不在體系中爬升。也就是說，無論是想要自行創業成為企業家，或是受雇於公司體制內，了解所屬產業的升遷體系，都非常重要。

當你決定這麼做時，同樣也要列出所有需要具備的技能或經驗等，你需要成功地踏出每一步。接下來，你可以加入需要做什麼才能得到這些，也就是：你必須去哪、必須學什麼、需要鑽研什麼。另外，你可以把這些資訊補充到你的長期計畫和五年計畫中。

法則 28

制定遊戲計畫

很多人沒有意識到是自己「選擇」成為輸家。

制定遊戲計畫有點像演員挑選角色、研讀腳本；你的遊戲計畫必須以「你想要成為什麼樣的人」而定。很多人沒有意識到是自己選擇成為輸家，但這就是他們最終沒得玩的原因。別讓這件事發生在你身上！但也不用過度擔心，只要掌握主動權、制定遊戲計畫，這種事就不會發生。

遊戲計畫是一種個人宣言。和設定目標不同，**遊戲計畫關乎如何成為你目標計畫中所設定的人物**，例如：你要成為誰？成功人士？失敗者？放棄的人？一個聰明的職涯策略家？輸家？以上皆非？當然，也可以決定成為一個無情、不討喜、冷酷、心懷怨恨的人，但我覺得你不會，因為你是法則實踐者。你的遊戲計畫應該包括你自己的特質，還有你想規劃出怎樣的遊戲，例如「我會成功，同時也是不折不扣的好人」。

沒有多少人會坐下來仔細思考，特地完成這件事。這看起來很簡單，卻是你前往理想之地的重要工具。如果更多人這麼做，他們就不會只是一個笨蛋、無趣的上班族、別人談論的八卦，或與同事往來時表現出驚人的冷酷。如果我們都坐下來寫下自己的遊戲計畫，並依循計畫度日，我們最終都會成為更好的人。

所以不妨試著付出努力，成為讓人如沐春風、平易近人、樂於助人、友善、善良、誠實的人，這可不會帶來壞事。誰會坐下來寫：「我要成為徹底的大混蛋，盡可能地陷害越多人越好，被每個人討厭，讓我變得越不受歡迎越好。」對，沒有人會這麼寫，但我確實和幾個這樣的人一起工作過，他們就以此作為遊戲計畫。沒錯，他們也可能會成功，但晚上怎麼睡得著呢？他們要怎麼和自己共處？

我曾和一位非常資深的經理共事，他的策略就是到了辦公室之後，整個部門走一圈，大聲辱罵越多人越好，再走回他自己的辦公室，翹起腳喝上半小時咖啡。然後再走出來，對每個人都非常和藹可親。我問他為什麼這麼做，他說：「讓他們時時保持警覺，這樣他們就永遠都不知道我在想什麼。」的確沒有人喜歡他，大部分人都很怕他，同事之間也不尊重他。所以真的是好的遊戲計畫嗎？才怪。

法則29 設定任務目標

沒有目標，就幾乎不可能會成功或有機會升遷。

這裡的「目標」指的是一句簡短的任務宣言，讓你可以用它度過一天。若不設定目標，就幾乎不可能會成功或有機會升遷，而這個目標概述了工作訣竅的關鍵成分。

假設你要參加一個會議——現在我們都很討厭會議，因為它冗長、無趣、毫無產值、造成反效果，還有無窮無盡的憤怒與爭執。你知道財務部的安吉會出席，而且他會努力地（通常還會成功）讓你慌張；你也知道你會分心，最後會變成討論搬遷到斯溫頓（Swindon）的事，而這甚至不關你部門的事；你也知道你們最終將討論到展覽台的預算，但這是六個月後的事，甚至都還沒決定今年是否要參與國家展覽中心的展覽活動。所以，設定目標吧：

「這場會議中我只講重點，我知道並了解與我相關的事，不管安吉怎麼做我都不會上當。」很好，現在起謹記於心。

假設你必須在財務委員會上做簡報，內容是總部新大樓前的花圃草坪預算，你知道財務委員會會花好幾個小時在無關緊要的主題上，例如，要種法國菊還是驢蹄草比較好，而你要做的事就是告訴他們種子的成本、整修設備和乾草供需，無需糾結在不重要的細節，例如，哪種花在春天開花時比較美之類的。所以，設定目標吧：

「我會做好我的簡報，一旦有其他討論事項，我就會找理由離場。如果委員會堅持討論與我無關的事情，我會堅定地指出這點，然後離場。」很好，現在起謹記於心。

不妨為你工作中的各個面向都設定一個目標吧！這個動作只需要幾秒鐘，卻能幫助你找出重點，進而把工作做得更好，例如：

- 哪裡有問題？
- 出現錯誤行為時的解決方案。
- 如何修正錯誤？
- 預防錯誤再次發生的方式。

法則30

知道自己的角色是什麼

所謂的「角色」就是你融入團隊的方式；對，我們都是團隊成員，在這個時代人人都必須身處其中。

你出現在公司是為了完成工作、發揮技能、執行任務、跟隨既定流程等。但你的角色是什麼？這有點像制定遊戲計畫。「遊戲計畫」是概述了你即將成為哪一種工作者，而「角色」是你將成為哪種推動者。你會是一個有想法的人嗎？主持人？溝通者？擅長交際的人？監督者？激勵人心的人？基本上，這個「角色」就是你融入團隊的方式——對，我們都是團隊成員，在這個時代裡我們必須身處其中。

梅雷迪斯．貝爾賓博士（Meredith Belbin）曾花數十年時間研究團隊合作的本質，以改善人類的優勢。他定義出九種團隊角色：

- 創新者：原創思想家，產出新想法；他們提供問題的解決方案，以截然不同的方式思考，橫向思考且富想像力。
- 資源調查者：他們富有創造力，喜歡廣納想法並加以運用；活潑外向，受人喜愛。
- 協調者：他們非常嚴守紀律且受控，專注目標；他們可以統整團隊。
- 形塑者：他們以成果為導向，喜歡接受挑戰並取得成果。
- 監察評估者：他們習慣分析、綜合、衡量，性格冷靜，是客觀的思想者。
- 團隊工作者：他們願意給予幫助且具互助精神，同時會是很好的外交人員，因為他們會想著對團隊來說什麼是最好的。
- 執行者：組織技巧非常好，展現理智，喜歡把工作做好。
- 完成者：擅於確認細節，適合做最後收尾的工作；總是兢兢業業。
- 專家：致力於獲得專業技能，非常專業；富有幹勁且樂於奉獻。

所以你是哪一種角色？你在團隊中又是哪一種角色？你以自己的角色為榮嗎？你可以轉換角色嗎？

法則31

了解自己的優點與缺點

必須先了解你的角色，才能對自己的優點或缺點做出主觀判斷。

如果想成為法則實踐者，首先，必須非常客觀地了解自己。很多人做不到這點；他們無法拿聚光燈打在自己身上，看自己看得不夠客觀或不夠清晰、看不到別人是怎麼看待自己。然而，**這不僅是別人怎麼看待我們，也關於我們如何看待自己**。我們都有自己的「心像」（mental image）——我們看起來、聽起來的樣子，是什麼讓我們持續工作，我們工作的方式又是什麼。但這個投射的真實性又有多少？我覺得自己非常有創造力、古靈精怪，但別人可能覺得我漫不經心又毫無章法。那麼，哪個是真的？哪個才是真實的我？

要了解自己的優點與缺點，首先要了解自己的角色，亦即：你工作的方式。比如，你可能認為創造力是一個優點，因為充滿創意的人總是有很多有趣的點子、不注重細節、創造很多新項目，而不是全程盯著它們或真的去完成這些項目，但你確定這些都是優點嗎？如果我是完成者或執行者，那麼這些就不是優點，反而是缺點。

相反地，我的優點是不屈不撓、勤勉、穩定、可預測性、循規蹈矩、堅定、有條理——哎呀，這些肯定是缺點吧？不一定。你必須先了解自己的角色是什麼，才能做出優點或缺點的主觀判斷。

那麼具體來說該怎麼做呢？我的建議一向如此：如果有所懷疑，就列張表出來，再把這張表拿給沒和你共事的好友看，問問看他們的客觀意見；再拿給和你一起共事、值得信賴的朋友看。他們對真實的你的評語是否有差異？我敢打賭，一定會非常不同。因為你對朋友展現的特殊樣貌，肯定與工作時的樣貌大相徑庭。

這條法則談的是了解你的優缺點，所以沒有必要以任何方式改善、消除、處理或改變它們。我們就是自己的樣子，我們必須與之共存。你可能非常亂無章法、飄忽不定、難以預測，但這是好是壞？全在於你的角色是什麼。因此，**你需要改變你的角色定位，讓這個角色更貼近你與生俱來的優點與缺點。**

很多人認為，釐清自己的優缺點，意味著要放掉壞的那面，只發揮好的那面。不是！這可不是治療，這是真實世界。每個人都有缺點，面對缺點的祕訣就是學習與缺點共處，而不是試著變得完美無缺，那不僅不真實，也會是一場徒勞。

事實上，也許可以試著運用自己的缺點，或許它可能就會成為你的優勢，不是嗎？想想看吧！

法則32

辨別關鍵時刻與事件

沒必要時，絕對不要用盡自己的力量與能量。

眼鏡蛇的力量強大，有很多毒液、精力充沛，但你經常看到牠們一擊爆發嗎？很少吧？眼鏡蛇只會把所有力量及能量用在以下這些時刻：

- 適當的時機。
- 有意義的時候。
- 有利的時候。
- 有益的時候。
- 必要的時候。
- 重要的時候。

換言之，牠們只會在危急或需要填飽肚子的時候，才發動攻擊，其餘時間你不會知道牠們在哪，甚至看起來也不像眼鏡蛇，也就是除非必要，牠們不會展露出頸冠。你也要像眼鏡蛇，沒有必要的時候絕不用盡自己的力量與能量，同理，你要做的事就是識別關鍵時刻和事件，再發動攻擊。不過，眼鏡蛇的關鍵時刻與事件非常容易判別，就是遭受威脅和飢餓的時刻。那你的呢？這可就難了。

挑燈夜戰寫出一份只有幾個同事會看到，而且很快就會被忘記的報告，沒有太大意義。所以留著精力，等到你要寫一份重要的、會直接出現在執行董事桌上的報告，再挑燈夜戰，這就是需要眼鏡蛇奮力一擊的時候。

當然，很多人都在等待關鍵時刻，例如：重要的辦公室派對、奧林匹亞展覽、皇家參訪等，但最後他們多半完全且徹底地搞砸了。他們要不是喝醉或說錯話，不然就是遲到、生病、褲子拉鍊沒拉、裙子紮在內褲裡。

至於關鍵事件，又是什麼？「發表會」就是很好的例子。所以，一旦有發表會來臨就一定要好好做，讓別人記住你，反之，搞砸就沒人記得你了。

別擔心，你不會搞砸的。分辨清楚這些時刻和事件，適時露出光芒成為眼鏡蛇，在適當時機出手吧！

法則33 防範威脅

每個成為現實的威脅，都是成長和改變的機會。

威脅，每天、無時無刻都朝著我們襲來——解僱、裁員、收購、不懷好意的同事、易怒的主管、新科技、新系統、新流程。

其實，整個法則系列書籍都是在談論威脅，**這些威脅大多源於改變，以及我們如何應對這些改變**。如果我們能靈活應變、不墨守成規、保持彈性且行為敏捷、能屈能伸、持之以恆，我們不只能在改變中生存，也可以成為最高層級的雜耍表演者和運動員。當然，我們無法方方面面地完全顧及，以致有時威脅還是會輾壓我們，甚至把我們壓扁，幾乎每個人都曾遇過這種情形。無法逃避的事實是，生活總是瞄準我們，而我們很少有時間能閃躲。

換言之，威脅永遠不會消失。不過即便威脅成為事實，我們還是可以應對。儘管它仍是威脅，會帶來恐懼，但我們可以做的，是不讓這些威脅對我們造成傷害。看清哪種威脅會成為現實是一種技能、一種天賦。威脅很多，我們不能一一反應，但我們必須要對部分威脅有所反應。

或許我們不將威脅視為威脅，而是一種機會，就會有所幫助。每個成為現實的威脅，都是成長和改變的機會，可以用來適應或修整我們的工作方式和管理風格。只要抱持正面態度、把威脅視為更正向的事情，而不是負面的，那麼，威脅就是證明自己的機會——如果我們從未接受挑戰，就永遠不會改進。

我曾受僱於一間被併購的公司，原本是擔任經理職位。新老闆帶來他們自己的經理，而我們三個被「降等」了，也就是降職。我們毫無選擇，除了離職。那時，我已經是堅定的法則實踐者，所以我看到了能證明自己給新老闆看的機會——我的能力很好，足以成為他們的經理之一，三個月之後，我又重新回到我應有的職位。

至於另外兩個人，一個最終離職，另一個一直留在「降等」的職位上。他們都在發牢騷或抱怨，覺得這個調整貶低了自己、有損人格，是一種污辱。或許確實如此，但我不需要為此覺得沮喪，我可以靠自己重新回歸——站上去，往前走。

法則 34

把握機會

學著把機會看成球；當「機會」朝你飛過來時，你只有一瞬間能抓住它們。

我知道我說過要有計畫，無論是長期或短期的都要，但總是會有某些時刻，你必須把計畫丟出窗外，那就是：機會來臨的時刻。

我有一個朋友，他的升遷計畫不太順利；某天，他發現自己和公司老闆在同一個火車車廂──他的機會來了。雖然他可能說錯話，出醜或因為太尷尬、太緊張而無法取得先機，但他沒有出任何差錯，完美地運用了這個機會。他只是輕鬆又不失尊重地和老闆聊天，表現出他很熟悉公司的歷史、使命和整體目標；應對得體、聰明又會說話；清晰又伶俐地表達自己；最重要的是沒有過於招搖地顯露出自己的優勢──他知道何時該閉嘴、何時該謙卑。

最後，這招奏效了。他的部門主管收到老闆通知，說有一個「聰明的年輕人在你的部門，你會多多提拔他吧」？這時除了幫他升職，主管還有別的選擇嗎？這就是所謂的「把握機會」，這可不能寫在計畫上，畢竟機會總是不期而遇。

因此，當機會來臨時，你要：

- 辨識是可用的機會。
- 好好運用。
- 表現出沉著、討人喜歡的態度。

而你不能做的是：

- 沒發現這一刻發生什麼，切記，機會總是「稍縱即逝」。
- 慌張。
- 玩弄手指。
- 過度興奮讓自己出醜。

學著把機會看成「球」，當「機會」朝你飛過來時，你只有一瞬間能抓住它們。你沒有時間發問、畏首畏尾、權衡利弊、躊躇不前。唯有抓住機會，否則就會錯失良機。

花一點點時間回顧你曾錯過了什麼機會？如果你還有第二次機會，你會做什麼？現在，會做出不同的反應嗎？你當時做錯了什麼？

法則 35

終生學習

如果你不學習，就不能改變；如果你不改變，那你在這裡還有意義嗎？

我曾遇過一位老兄，成長環境十分窮困，無法將學業完成到他理想中的程度。他十四歲時就離開學校，當了一輩子的海關人員，一步一步走到中階管理層。六十歲時他退休了，最後他決定要完成他一直放不下的學業，最後他拿到了法律學位、進入律訓所，在七十歲時成為一名合格律師。你也需要做到這件事，但我們之中有多少人能有這種學習態度（更別說精力了）？

看著孩子在學習時，可以看出他們多喜歡學校。當然不是在無趣老師帶領下的死記硬背，而是他們受到啟發鼓舞時，發自內心的快樂。當然，你我在孩子的時候都有一樣的腦袋，可能也一樣喜歡學習。好吧！隨著年紀增長，我們確實可能失去了一些大腦灰質細胞，但我們還是可以樂於學習。

如果我們沒有持續學習，就會停滯不前，成為冥頑不靈的老頑固。如果你不學習，就不能改變，如果你不改變，那你在這裡還有意義嗎？所以，把持續學習作為一種明確目標吧！

我認識一位住在蘇格蘭的老師，他從小的夢想就是成為太空人——不用懷疑，就和學校裡的大多數人一樣。但是，他沒有讓日常生活成為阻礙，還是有所作為，他昂首闊步，持續學習與自我精進。最後，他獲得前去美國阿拉巴馬州（Alabama）美國太空和火箭中心的獎學金，可以去參加一週密集的太空訓練，完成零重力訓練和太空梭起飛模擬訓練。

很酷對吧？在那之後，他可以追求他學習知識的夢想，並分享給他的學生們，而這一切，全因為他把人生當作一堂持續不斷的課程。他就是我們的學習榜樣，我們可以從這樣的人身上學習[6]，和他們一樣終生學習。

還記得孩童時是什麼啟發了你嗎？或者，想一想最近哪些新事物曾引起你的興趣。為了工作去學習新技能，這對你來說十分有幫助，不管是另一種語言還是最新的電腦軟體。面對任何學習時都該敞開心胸、不自我設限，並不斷練習，以上這些對你的工作和老闆而言都有所助益。

所以，不管是什麼讓你提起興趣，去學吧！讓它成為你的目標，努力學習吧！

6 只要這麼做，我們就已經是在實踐法則了。

Chapter 4

如果說不出好話就閉嘴吧！

If You Can't Say Anything Nice – Shut Up

本章的這些規則都非常容易理解，卻很難遵守。

只要是人，不免都喜歡八卦、抱怨，在背後說上司的壞話。然而，若想成為一位堅定的法則實踐者，就千萬不可以這麼做。

學習只說正面的事情、好的事情，以及讚美的話吧！人們會依據「你所說的話」和「你如何說話」來評價你，所以成為一個會讓人如沐春風、積極向上的人，並以此聞名！

法則36

不要跟著一起聊八卦

遵守一個非常、非常簡單的原則，就是「不要再把八卦散播出去」。

「上次在公司的視訊會議中，有人看到財務部的拉吉在週日早上從行銷部黛比家的臥室裡走出來，你知道這件事嗎？而且他們已經被看到一起在餐廳吃午餐兩次了，凱西還發誓說看到他們手牽手。你也知道拉吉已經結婚了，我猜黛比也已經訂婚。你怎麼想？你覺得他們應該繼續下去嗎？」

答案是：「這跟我有什麼關係？」

沒錯，這跟你沒有關係，除非拉吉要成為你的主管，而且他的工作表現因此受到影響，或者你剛好就是黛比的未婚夫。不過這條法則是叫你不要「聊八卦」，而不是不要「聽八卦」。因為有時某些八卦很有趣，**甚至知道某些八卦對你來說，在未來說不定還可以派上用場**。不過有一項原則非常、非常簡單容易，就是「不要再把八卦散播出去」。就是這麼簡單，讓八卦止步於你。

只要跟著一起聽聽八卦，即便你不會再散播出去或發表意見，還是會被那些愛嚼舌根的人視為「自己人」，而不是派對上的掃興者。記得，你不需要表示贊同或發表任何意見，只要停止散播就可以了。

八卦是閒人、沒有太多工作可以做的人的消遣，也是那些不用動腦工作的人所擅長的事——他們的工作不用動腦思考，所以他們不得不花時間在無意義的閒聊、撥弄是非、謠言、謊言和惡意傳聞上。但麻煩的是，如果你不參與，就可能被視為嚴肅或傲慢的人。所以，你必須看起來好像從來沒有聊過八卦，但也不用擺出傲慢的姿態拒絕聆聽，也不要告訴他們到處嚼舌根有多麼愚蠢。

和多數事情一樣，面對八卦的最佳方法，就是謹慎處理：不要被別人發現其實你並不同意這樣到處說別人八卦。那麼該怎麼做呢？只要不跟從，把這些謠言放在心裡就好。隨著時間過去，人們會發現那些祕密都止步於你，而這對你來說會相當有利。他們不僅會尊重你，也會信任你。

當然，你永遠不會濫用這種信任，不過如果能適時運用這些祕密，同時不會為告訴你祕密的人帶來麻煩，有時也是一種益處。

法則37

不要抱怨、發牢騷

抱怨毫無意義，它無法為你完成任何事情。

對，人生並不公平。有時是同事推卸責任，最後卻是增加你的工作量；老闆不做好自己的工作，顯得沒有能力，經常前後矛盾；你周遭的笨蛋們都升職了；有好多工作要做；有好多愚蠢的系統；蠢蛋處處與你為敵。沒錯，人生爛透了！

好，那你現在告訴我，抱怨可以幫助你改善以上哪些情況？告訴我抱怨可以改變哪一件事情？沒有辦法，抱怨不會有任何幫助。

抱怨是一個浪費時間的裝置，專為那些不得志的人所發明，因為他們沒有太多事可做。此外，他們通常就是那些喜歡站在別人身邊說八卦的人，甚至都是同一個人（很可能就是）。當他們完成一次完美的抱怨之後，就會有一個不錯的八卦可聊了。

切記，抱怨毫無意義，也毫無產值，它無法為你完成任何事情。抱怨只能：

- 讓你被認為是一個閒人、小人物、成不了大器的人。
- 讓你繼續嘴角向下（這樣可就不好看了）。
- 浪費時間、引來其他愛抱怨的人。
- 讓你的名聲變成一個沒有產值，也無法提供任何幫助的人。
- 讓你失去動力，進入一種惡性循環。

所以，如果你已是一個慣性抱怨的人，該怎麼辦呢？很簡單，確保無論何時你抱怨之後，都能針對你正在抱怨的事情想出一個解決方案；如果你想不出解方，你就不能抱怨。試試看幾週吧！很快地自然就會停止抱怨了。

通常我們都是在暗地裡抱怨別人，所以下一次，當你覺得需要大肆抱怨某人時，就當著這個人的面說出來，反之如果這個人不在場，就別抱怨了。這個方法簡單，但十分管用。另外，如果你想要抱怨的人在人多的場合中，也不要抱怨，因為一旦讓辦公室裡的每個人心情都很低落，就很難繼續好好工作。總之，有話想說時，就當著那些人的面說，但請先再看一次本章的章名——如果說不出好話就閉嘴吧！

法則38

為他人挺身而出

這能讓你和團隊中某些不受歡迎的成員之間，產生一種不成文的默契和守護天使般的關係。

又來了，當你們坐在一起喝咖啡時，「年輕人梅根」的話題出現了。現在我們都知道梅根是個非常討厭的人——她不做好分內的事，還經常早退，甚至偷偷帶走公司的筆和迴紋針，對保全人員也很無禮，總是盡可能地把更多工作丟給別人，老是把錯推卸到別人身上。總之，她非常惹人厭，所以你們都在她背後數落她、盡情抱怨，把對她的憤怒一吐為快。但你不會這麼做，喔，別人也許不知道你不會，但從現在開始你不會了。你現在可是法則實踐者，你會為他人挺身而出。

不管梅根有多惹人厭，你總是能找到一些優點，而且是發自真心的為她說一些好話。這就是你的目標——**說一些別人的好話，不管是什麼都好**。

剛開始可能會有點困難，但如果能堅持下去，就會發現越來越容易，這全在於習慣和內心觀點的問題。如果我們習慣發牢騷、抱怨，那就是我們會做的事，但如果我們改變行為，就會變得越來越正向，即便一開始需要付出努力才能做出改變。

為他人挺身而出，不管什麼都好，讓你的名聲變成「總是可以說出大家好話的那個人」。如此一來，原本你可能很想抱怨的人就會知道，在所有員工之中，你是那個會為他們而戰的人，這能讓你和那些在團隊中不受歡迎的成員之間，產生一種不成文的默契和守護天使般的關係。

這是一種很奇特的關係，有時甚至會發生神奇的事——這些人會在緊急時刻支援你；他們會讓你知道有人想陷害你；他們會為你全力以赴，因為他們知道你在乎他們；如果你需要幫忙，他們會是第一個伸出援手的人。

「你是一個非常好的人」這件事情的傳播速度，超乎想像——你不發牢騷、不抱怨、你會為受到排擠的人發聲、你願意幫助別人，可說是整顆毒瘤中最後一絲的希望。不過很顯然，你必須以誠實且真摯的心做這件事，說謊或編故事都不是好事。剛開始時，如果你不能說些什麼好話，那就閉嘴，不過仔細思考一下，肯定有些好話能說，畢竟，沒有人是徹底的壞蛋、小人、討厭鬼。

所以，回到梅根。你會說什麼？當然，一開始你可以說她很守時，或是她很擅長處理發怒的客人，或是她有很強的幽默感，或是她很懂得使用設備等。記得，開頭就這麼說：「她還是很不錯的，因為她……。」

法則39

真誠地讚美他人

想要成為一個懂得讚美他人的人，其實並不容易。

這條法則的關鍵就是「真誠」，你不能油嘴滑舌、虛偽膚淺、不誠實或不實在地讚美，你的讚美必須發自內心、真誠、敞開心胸、實實在在且言之有物。想要成為一個懂得讚美他人的人，其實並不容易。我知道，你一定不想被視為油腔滑調或是怪人，但是很多會讚美別人的人，最後經常被視為這種人。所以，要想辦法用溫暖、友好的態度讚美別人。那麼，該怎麼做呢？以及為什麼要這麼做呢？

當你能以和藹可親的態度、發自內心讚美他人，就能在別人心中留下非常好的印象，而這個印象，會對你的工作造成一個良善的因果循環。

至於方法，最好不要用過度華麗的方式來讚美，你可以簡單的說：「這套衣服真漂亮，」然後問問關於這句讚美的問題：「你在哪裡買的？」

- 「我學了你面對客人的方法，你怎麼想到這個好方法的？」
- 「我想告訴你我很喜歡你的報告，董事會那邊的反應如何？」

切記，避免使用誇張的表達方式，你不會「愛死」他們的新外套，你只是會「喜歡」它而已。記住如果你「愛」它，你會想跟它結婚生子，這可不是對外套、報告、髮型或別人面對客戶的方式會有的反應。不過如果是「喜歡」某個東西，則可以大方說出來，同時還可以強調你有多喜歡它：

- 「我真的很喜歡……。」
- 「我超喜歡……。」
- 「真是不知道怎麼表達我有多喜歡……。」

而且這不僅是「喜歡」，還會是一個很好的起手式：

- 「我對……印象深刻。」
- 「我覺得你真的很擅長……。」

・「你處理……的方式真的很聰明。」

・「我真的很喜歡聽你的簡報，很難得有這麼棒的簡報。」

最後，說出讚美時，要肯定你不會被說是在輕薄別人或是搭訕別人。保持在專業或工作範疇內，我保證你就不會聽到那些說你是「藉由讚美在吃同事豆腐」的閒話了。

法則40

保持樂觀，正向積極

這天過得不太好，沒有關係；陰霾總會過去，陽光也會再次出現。

如果你每天早上都帶著正面的心情去上班，就會讓你成為一種人——無論面對什麼壓力、任何問題、極大麻煩都能淡然處之的人。如此一來，你的名聲會是一個穩定、面面俱到、自在自信且非常成熟的人，這一切都是只是因為你會哼著幾小段的《月河》（Moon River；編注：電影《第凡內早餐》主題曲）走到你的辦公桌。

隨時保持樂觀態度，即便外面正在下雨，是一個陰暗又憂鬱的冬日午後；生意蕭條、利率又上升了，老闆心情不好，每個人垂頭喪氣，但你還是沒理由失去笑容。這天過得不太好，但陰霾總會過去，陽光也會再次出現；不管你的情況如何，事情總是會越來越好。

保持樂觀、正向態度是一個把戲。剛開始你可能很難相信，但試試看，就這麼做吧！假裝也沒關係，做就對了！等過一陣子之後，你就會發現這不是一個動作，你沒有在假裝，而是真的發自內心地樂觀起來。這絕對是一個把戲，但這個把戲是在哄騙自己，而不是別人。

「微笑」會觸動荷爾蒙，而這些荷爾蒙會讓你覺得一切都更好了。只要你覺得更好，你就會笑得更多，進而產出更多荷爾蒙。你只需要在一開始的幾天注意保持笑容，當你不再感覺刻意，就是開始進入這個良性循環的時候，隨時都能感覺良好。

只要你開始被視為樂觀正向的人，同事就會想多和你相處，畢竟沒什麼比一個樂觀的人更有吸引力了。

另外，不妨帶一些花去上班，點亮你的辦公桌。吹著口哨、微笑、笑出聲，千萬別顯露出內心的煩躁。當有人問你：「你好嗎？」輕鬆地回答：「哦，很好，我覺得很好，別抱怨、別發牢騷，你知道的，努力前進就對了」沒錯，這是陳腔濫調，卻也是一種習慣。或者可以試試看這樣回答：「很好，真的非常好，一切都很棒。」多哄騙自己幾次，最終你的大腦就會相信了。

一般來說，當我們以為看到熬夜隧道的曙光，但突然又有人丟給你更多事情，而且都是一些不可避免的職責工作時，我們很容易脫口而出說：「噢，不，該死的工作別再來了，大家都看不到我有多忙嗎？工作量真的太大了。」然而，如果這是不可避免的工作，抱怨也無法改變任何事情，那麼不如就微笑以對：「好的，先放在那邊吧！我馬上處理，謝謝。」為什麼要責怪傳話的人？他們絕對不想製造更多工作來惹毛你。有額外的工作要做真的很煩人，但那又怎麼樣呢？

樂觀點，然後動起來吧！**花在抱怨、發牢騷的每一秒都在消耗你的人生**，反之，樂觀、正向的每一秒都在為你的人生加分。你自己選吧！

法則41

學著多發問

這表示你很關心同事。

這條法則的練習目標，是要讓你變得：

- 受歡迎。
- 順利升遷。
- 成功。
- 名聲好。
- 做事有效率。

想要達成以上目標，最簡單的方法就是學習和培養發問的習慣。至於是哪一種問題？嗯，不一定，視情況而定。在法則三十九（真誠地讚美他人）中，我們用例子說明：發問相關問題即可，比如：「我真的很喜歡你的簡報，我覺得你很穩重，你怎麼做到不緊張的？」或者：「我喜歡你處理發票的新方法，你怎麼想到的？」

「發問」可以展現出你專心、你在乎、有興趣、有想法、謹慎、聰明、有創意。笨的人不會發問，無聊的人不會發問，懶惰的人也不會發問。所以，你現在有任何問題嗎？

與此相對，充滿敵意的人會傾向發表意見，例如：「我不喜歡這個想法，這行不通。」然而，法則實踐者會發問，即便意思可能是一樣的，但處理方式完全不同，他們會說：「我想我需要更多關於這個提案的資料，你覺得可行的原因是什麼？加快作業可以處理激增的訂單嗎？我們可以提供更多人力應付現在的狀況嗎？也許我們需要暫時離開，好好思考一下，大家覺得呢？」

你不用直接說出「這是個爛主意」，大家知道你的意思，但他們會覺得你人真的很好。你不用在他們的同事面前發飆，讓他們沒面子，你給了夠高的台階，如果他們願意就可以走下來。如果他們要暫時離開，你也已經給了機會——離開現場好好思考一番，表示我們不要再聽到這件事了；以上這些都是非常圓融的說法。

一般來說，發問是很好的事，表示你很關心同事，但請發自內心、真誠地發問，讓這件事變得有意義又能表示友好。不過要注意一件小事：「你到底從哪裡弄來這件外套？你不會真的覺得這件外套很適合你吧？認真的？」如果這件外套真的糟透了，最好也不要這樣碎碎念。改問問工作吧：「你怎麼能如此快就做出每週數據呢？你有我們不知道的小祕訣嗎？」

就和為他人挺身而出一樣，即使他們真的超討人厭，還是會有優點，沒有人真的糟糕透頂。提問也是這樣，你還是有各種工作面向可以發問，或者他們的興趣、社交、家庭。即使只是簡單的關心：「孩子們都還好嗎？」也是一種破冰，還會顯得你很親切，甚至能藉此展開對話，製造愉快氣氛，讓每天一起工作的人感到溫暖。

法則42

多說「請」和「謝謝你」

一句誠摯溫暖的「謝謝」就能深植人心。

你是否覺得這條法則真是太淺顯、太基本、根本不能成為法則之一吧？沒錯，但我們還是需要再次提醒，把「請」和「謝謝」掛在嘴邊是一件多麼重要的事情，這件事永不嫌多。人們總是說他們太忙、忘了，或他們已經說過了，就可以當作他們已經說了，不需要每個人、每次都再說一次。錯，你會忘記「請」、「謝謝」的唯一理由，完全只是因為「沒有禮貌」。

如果我們開始疏忽最基本的禮儀與禮貌，那我們身而為人就真的一點意義都沒有了。如果我們不禮貌、沒有教養，以致於無法感謝別人，或是覺得說「請」很麻煩，現在讀到這裡，就是時候停止這麼想。

這無關乎一整天別人幫你遞過幾張紙，你每一次都要說「謝謝」，不能忘記，沒有例外。這也無關你必須對同件事發問幾次，你每一次也都要說「請」。不管別人幫你多小的事，不管多平凡、瑣碎、重複、無聊、徒勞的事，你永遠都要說「謝謝」。只要忘記一次，就會被貼上無禮、粗鄙、討人厭的標籤，為了讓別人心情好，永遠不要忘了要說「請」、「謝謝」。

我曾和一位經理共事，她總有辦法讓底下的員工願意在晚上、休息日、週末加班，甚至把工作帶回家做，比起其他經理，這些員工更願意為她努力工作。我們這些其他的經理試圖找出什麼是她有做，而我們沒有做的事情；是什麼原因讓她底下的員工對她忠心耿耿，而我們卻沒有。我知道到了這個階段，你們都知道發生什麼事，也已經舉起手要回答問題：她總是把「請」、「謝謝」掛嘴邊。

沒錯，你答對了嗎？她很確實地做到這點。**簡單的禮貌就能引起很大的效用**，而我不覺得她的員工都很明確地知道她做了什麼，長時間以來我們也沒有發現這件事。我們大多數人都覺得自己也有說「請」、「謝謝」，但她沒有漏掉每一次保持禮貌的機會。當你說出口、表達出來，那句誠摯而溫暖的謝謝就會深植人心，同時這也是被誇獎、讚美時很好的回應方式。

所以，如果下次有人說你做得很好，別急著臉紅和結巴說「這真的沒什麼」，這句回話只會讓讚美你的話減分，你最好改說「謝謝」就好。

另外，「請」這個字，可別用在甜言蜜語地哄騙或引誘，也就是千萬不要這麼說：「拜託你加班吧，真心地請求你。」請改成：「請問你可以整個午餐時間都拿來工作嗎？我們需要更多人力接聽電話，我保證下午可以還你午休時間。」

法則43

不要開口罵人

下班後，在自己的車上時，隨便你想說什麼都可以，但工作的時候就是不能罵人。

我知道我們都會這麼做，我知道你覺得這樣很酷，我知道我們都必須順應潮流、與時俱進，但是很抱歉，還是不可以罵人。下班後，在自己的車上時，隨便你想說什麼都可以，但工作的時候就是不能罵人。

這是一個簡單的法則，卻很有用，因為這是一種自我預設：不要罵人。現在你必須做的決定和選擇是什麼？答案：沒有，只要無論發生什麼事都不罵人，這就是你的底線。**只要不罵人，所有棘手的事都會遠離你。**

與此相對，如果罵人是你的自我預設，就有很多決定和選擇要做。我很難想像在這種預設下，你要如何完成所有的工作。舉例來說，你是否會：

- 每次出錯時就罵人？
- 講電話時罵人？
- 在老闆面前罵？
- 在客戶面前罵？
- 對著客人罵？
- 限制自己固定用某些髒話，不想其他替代詞語？
- 用褻瀆宗教信仰的詞語當髒話？
- 允許自己小小地罵出口，或做出真正的攻擊？

由此可見，把「罵人」這個習慣作為自我預設，就是個地雷區，是個惡夢，所以更簡單的方法就是千萬別製造麻煩。這可不是禁欲的命令，而是很有效的規範，讓你節省時間也節省力氣。如果你還沒做到，該仔細想想，現在就戒掉這個壞習慣吧！

讀到這裡，現在就開始停止罵人了。

法則44

當一個好的聆聽者

聆聽是一種特殊技能，你必須練習、學習它。

我不是說你應該要提供一個溫暖厚實的肩膀，讓所有閒雜人等過來哭一哭，因為這樣做，可能不是什麼好的聆聽而是療癒。一個好的聆聽者，能讓說話者知道對方正在認真聽著，你可以這麼做試試看：

- 發出鼓勵的回應，比如：「嗯，繼續說，對，我正在聽。」
- 表現出適當的肢體語言，比如：頭稍微傾斜、眼睛看著說話的人，不要打哈欠或玩弄手錶。
- 複誦一些詞彙，讓他們知道你理解他們，比如：「星期五的三點嗎？好的，我知道了。」

- 讓他們再說一次你沒聽到或沒聽懂的事，比如：「你可以再說一次剛才關於彼得波羅（Peterborough）的事嗎？我不確定我有沒有聽懂。」
- 提問，像是：「所以搬去格洛斯特（Gloucester）這件事現在取消了嗎？」
- 寫筆記，把他們說的一些內容寫下來。

那麼為什麼要成為一個好的聆聽者？答案很簡單，因為如此一來，你會得到：

- 更多事實、更能理解你應該要做些什麼。
- 更能了解週遭發生什麼事。
- 被視為富有同理心和體貼的人。
- 看起來很聰明機伶，會被視為能做好自己工作的人。

如果你不聽，就不會知道，反之，**只要願意聆聽，就能讓別人知道你的存在**，多簡單啊！好的聆聽是一個技能，是一種特殊才能，你必須練習、學習它。這不是一夜就能學會的事情，也不是不假思索就能做好的，你必須有意識地執行，一旦發現自己沒在聽的時候要立刻把自己抓回來，好好聆聽。

法則 45

理性說話

有時候，所有的努力都可能因為說錯一句話或一時大意，就瞬間瓦解、摧毀殆盡。

想要成功、順利升遷，你必須營造出正確的形象——聰明、成熟、可靠、沉著、精幹、可信賴、歷練豐富的商業人士。然而，有時候，所有的努力都可能因為說錯一句話或一時大意，就瞬間瓦解、摧毀殆盡。越來越多人因為發表不恰當或有欠考慮的言論，從而失去工作或遭人非議；他們張開嘴或在社群平台發表言論前想得不夠清楚，他們沒有「理性說話」。

除了這些重大失誤，日常生活中你也必須管好自己的嘴巴，遠離這些：

- 不合時宜的失禮笑話或言論。

- 任何形式的性別主義
- 任何形式的恐同、跨性別恐懼的話題。
- 自認高人一等的人。
- 自大傲慢。
- 脾氣暴躁。
- 失禮的破口大罵（請見法則四十三）。
- 發牢騷、抱怨、八卦（請見法則三十六、三十七、三十八）。
- 會顯露出你對別人真正看法的事情。

學著偶爾發言，不要總是喋喋不休，或許是明智的選擇。如果你讓自己的嘴巴失去控制，就越可能會說錯話。反之，如果說話前先仔細想好，按個暫停鍵，讓你有機會管好自己的嘴巴，就有機會精準地表達原意。

當你的言論被精細地修改過之後，就能做到「理性說話」，那麼你的名聲就會是個聰明、成熟的人，人們就會尋求你的建議和引領，因為他們知道你有想過自己要說些什麼，而不只是隨口講講，如此一來他們就會信賴你。只要人們信任你，你自然就會是升職、成功的候選者。

總之，**確保你說的話具有一定影響力，不要讓你的話淹沒於喧鬧辦公室日常的嘈雜聲中**。因此，不要談論你昨晚看了什麼電視節目（說實話，沒有人會真的在意你昨晚看什麼），如果你只想說這個，還不如保持沉默，直到你有重要的話再說。

Chapter 5 照顧好自己

Look After Yourself

多數與你打交道的人可能都很正派，也很好相處，但是，還是有少數人並非如此。你無法避開某些混蛋、善妒的同事，以及一逮到機會就可能會在背後捅你一刀的人，這些人總是一有機會就把你推入火坑。

為了確保你所樹立的新形象不會讓你成為箭靶，本章這些法則的目的，就是教你如何減少敵人、保持領先。

隨著你越來越成功，嫉妒、羨慕你的人也會隨之而來，這是很自然的過程。透過練習這些法則，能讓你避開這些工作場合上的妖魔鬼怪，照顧好自己——尤其是你的背。

法則46

了解企業倫理的重要性

你做的工作之於社會是好是壞？是傷害社會還是療癒社會？

你靠什麼維生呢？我不是指實際的工作內容，而是問：你的工作對社會做了什麼貢獻？這些貢獻對社會來說是正向、有益、健康的嗎？或者是有害、負面，甚至會對社會造成傷害？你所處的產業其目的為何？你在這個產業中起了多大的作用？你有思考這個產業的企業倫理嗎？

什麼是「企業倫理」？簡而言之，就是「對與錯」、「好與壞」的道德準則。你做的工作之於社會是好是壞？是傷害社會還是療癒社會？是把正能量帶入社會，還是只取之於社會呢？

如果你突然覺得自己所待的產業很糟糕，也不用急著離開，與此相對，應該想辦法由自身做起，從內部發起改變。在此，我們談論的不是整體大環境的問題，儘管我知道有很多人關心這個問題。不過，我首先希望各位專注的，是你所處產業的道德倫理議題。

當然，如果你發覺你所待的產業有某些行為不公不義（這件事曾發生在我身上，後來我便離開那家公司了），同時也無法苟同，那就必須離開。即使你會因此失去經濟來源，但是心中存善的因果循環，仍能使你從中獲益。

當然，每個行業中有好的部分也有壞的部分，偶爾你會被要求越線做些壞事，而你馬上就會看到法則四十八所說的「設定個人行為準則」，但在此的這條法則比較像是為你的行業設定準則，而不是個人準則。也就是說，你必須從道德和倫理的角度，來看被公司要求做的事情其實對公司有害，並不斷地對公司提出質疑：「如果媒體知道了，他們會閉口不說嗎？」然後給一個貼切的標題：「史庫奇[7]公司用亞洲血汗勞工取代解聘職缺。」

當然，你可以拿出果斷的態度拒絕，不過也可能因此被貼上標籤，比如說，你是一個怕沾上髒水的「懦夫」或「孬種」之類的，所以不要這麼做，而是必須指出對公司的影響是什麼，也就是必須要有吹哨人的概念——「如果我是他們，我會怎麼做呢？」這樣你仍然會是公司的一員，卻還是可以打出道德牌；你會同時是我們的人，也是他們的人。

要做到這些，就必須深入了解所處產業的企業倫理和社會貢獻為何。所以，現在就去深入研究它。

7 譯者注：原文Scrooge，出自於狄更斯小說，意指守財奴的意思。

法則47 工作上的一切都合法嗎？

身為法則實踐者，你必須乾淨到不能再乾淨。

你的公司有違法嗎？你正在做違法的事情嗎？你知道你所屬產業的合法性嗎？

我曾在某間公司上班，一開始該公司行事非常光明磊落，而且他們非常自豪是奠定基準的人，是該產業中的新星。不過幾年後，他們忽然轉向，失去本心開始走上歧途。我覺得非常奇怪，但我看不出發生什麼事，因為高層董事會成員沒有太多變化，似乎不是環境所逼，我們也不是苟延殘喘的公司，但突然就開始打破「法律上」的規範。我忽然發現自己正為不誠實、不道德的公司工作，怎麼辦？剛開始我睜一隻眼閉一隻眼，但最終也被要求加入違法行列；這是最後一根稻草，後來我決定離職。我守住自己的品格與聲譽，並到另一間公司工作，而這間公司是前公司的競爭者。

一到任新公司，我就被詢問有關前東家的事情，以及他們目前的狀況，但我不願意提供任何會讓新老闆獲益的訊息。不知道為什麼，我似乎對於自己這樣閉口什麼都不說感到很光榮。我很願意和新老闆談論有關商業上面的所有事情，但涉及法律層面的我一概不回應。幾年後，我發現正在工作的公司竟被前東家腐敗的部門接管了，不過他們已經被發現了不法之處，也接受懲罰並改過自新了。我還會想和他們共事嗎？不會特別排斥。我確實和一位資深總監面談，他說很開心我能加入董事會並說「至少你知道管好自己的嘴巴」——我感覺那隻豹似乎還有污點，所以我又離開了。

所以，你所處的產業多乾淨？你的公司呢？你必須知道你可能會被要求做合法的事，以及違法的事。某些產業有一些極其微小、瑣碎的法律，你可能在不知不覺中就與之相悖，但你必須了解到這一點。身為法則實踐者，你必須乾淨到不能再乾淨，不能被懷疑，不要讓自己陷入可能成為替罪羊的風險中。如果他們正在找個笨蛋，請確保那個人不是你，確保自己站在乾淨的那一邊，絕對不要不小心越線了。

當然，如果你選擇違法，這又是另外一回事；不過試想如果你因為不知情而被關進監獄，這有多麼糟糕呀！做一個聰明的罪犯可比笨的好多了，畢竟「我不知情」從來就不是有效的證詞。

法則48

設定個人行為準則

我們必須時刻努力，盡全力做到最好。

你晚上睡得安穩嗎？我可是睡得很好，因為我設定了不會輕易被打破的個人行為準則，如下：

- 在追求個人職涯成功的過程中，我不會刻意傷害或阻礙他人。
- 我不會藉由違反任何法律來追求事業上的成功。
- 我有一個道德標準的底線，無論如何我都會遵守。
- 我會透過努力工作，來為社會提供正面的貢獻。
- 我不會做任何無法對自己孩子開口的事情。
- 無論何時，我都會把家庭擺第一。

- 我不會在晚上或週末工作，除非是緊急狀況。如果真的迫不得已，也會事先和伴侶討論才破例。
- 尋求新的工作機會時，我不會踩著別人往上爬。
- 我會努力讓一切回歸正常。
- 我會無償公開地將所有技能、知識及經驗傳遞給任何同業中能以此獲益的人；我不會為了利益獨占資訊。
- 我不會嫉妒同業中其他人的成功。
- 我會不斷地詰問自己，我所做的工作會對未來造成什麼樣的深遠影響。
- 無論何時，我都會遵守所有「工作的法則」。

這些行為準則是我個人設定的標準，或許不適合你。你可能需要、也要一套更適合你自己的行為準則，但我希望你所設定的準則要求，不會低於這套標準。別忘了，我們必須時刻努力，盡全力做到最好。

法則49 絕不說謊

你可以吹捧自己的才能、技術或專業能力，但就是不要說謊。

這項法則和法則四十三（不要開口罵人）一樣，非常簡單，是一條不需要思考就應該執行的準則。絕不說謊的意思就是：無論在任何情況下，都「不可以說謊」。只要你獲得一個「絕不說謊」的名聲，就絕對不會被要求幫忙遮掩或包庇他人。

與此相對，只要你決定為生活說謊，就會有太多選擇和決定要做：你要在哪裡畫下底線？你能只說小謊嗎？還是要撒大謊？你會為了自己說謊嗎？為了別人呢？你會為公司說謊嗎？還是為了老闆？為同事？你的謊話會發展成什麼樣子？你說的第一個謊快被發現的時候，你會再說一個謊來圓第一個謊嗎？你會在哪裡停止說謊？你會把別人扯進你的謊言嗎？還是要當一個孤獨的說謊者？

你看到問題的所在了嗎？如果你能遵守簡單的法則，就是「絕不說謊」，那麼你就有一個預設準則，如此一來，就不需思考、沒有選擇、不用決定、沒有替代方案、沒得挑也沒有偏好。

此外，從不說謊還可以讓你免於罪惡感、恐懼、指責，也不用記住自己說過哪些謊，免於被懲罰、解僱的風險；免於被同事羞辱或排擠；不用把家人也置於險境；不必冒著被刑事起訴的風險，夜不成眠。

相信我，「絕不說謊」對你的工作和事業來說，絕對是最簡單、最乾淨、最實在的方法。當然，宣揚你的履歷、經歷、展現熱情是可以的，但請不要說謊，因為我保證，你終究會被拆穿的。

例如，當我向出版社提出一個出版計畫時，他們問我這本書的銷售會如何的時候，我不會說：「我想應該還不錯吧。」我會說：「這本書很棒、真的很棒，一定會賣得很好，也許還會是我們一直期待的暢銷書。」這算是說謊嗎？不算，因為如果我不覺得這本書棒透了，我可不會花時間寫它。至於它會賣得很好嗎？可能會，但我無法保證，畢竟市場變化莫測，所以說它會買得好是謊言嗎？不是。

你可以吹捧自己的才能、技術或專業能力，但就是不要說謊。謊言是一種絕對會被拆穿的東西。當你不是認證的軟體程式設計師，卻說自己是的時候，這就是在說謊；不過，如果說自己是軟體程式設計的高手就不是說謊，因為這是你的看法，與事實無關。不過，如果你對後者這樣的說法仍有遲疑，如果你不能快速思考這樣的說法會造成什麼樣的影響，就絕對不要說謊，或過度自我美化。

法則 50

絕不包庇任何人

一旦決定包庇別人，就會讓生活變得極其複雜，這對你來說一點也不值得。

成為法則實踐者意味著你追求完美，並為自己設定非常高的標準。很顯然，其他人沒有這些準則，因此他們也不會和你一樣成功，但他們可能會企圖拉低你的水準，或者把你扯進他們的小把戲中。你會怎麼做？又是一個簡單的法則，只要遵循這個設定：「你不會包庇別人，無論任何情況都絕對不會。」這樣就可以了。

這個法則很簡單，你不需要思考，你沒有選擇也不需要做決定；你很清楚自己的立場，同時必須讓同事清楚地知道他們自己的立場；你必須讓你的主管知道你絕不會包庇任何人，所以你不會被懷疑，而且值得信賴、可靠、無可指責。

反之，一旦決定包庇別人，就會讓生活變得極其複雜，這對你來說一點也不值得。例如：你只包庇比較熟的同事嗎？還是只要被要求，任何人都可以包庇？你只包庇小事嗎？還是大事也可以？如果要求你包庇詐欺事件呢？過失犯罪呢？被發現的時候，你打算說什麼？做什麼？因此被解僱時，你打算如何向家人解釋？

另外，當你被要求包庇有私交的朋友，同時也是比較熟的同事時，你會怎麼處理？你可以很果斷的直接說「不」，不需要解釋，或者可以用和緩的語氣說：「請別要求我這麼做，如果你要求了，我也只能拒絕。」讓他們有台階下，留點面子。相信我，只要你選擇這麼做，事情一切就簡單多了，因為你已經藉此建立了「不會包庇別人」的名聲。

關於包庇，最難處理的部分就是忽視「隨著包庇某人而來的情緒勒索」，但其實我們可以輕鬆地忽視這種情緒。試想，如果他們用這種技倆輕忽你的感受，那你為什麼不應該拒絕他們？他們用這種方法對你，就等於自毀前程。如果他們對你施加壓力，就用一貫的方式推辭，只要說：「不，我不能這麼做，請別要求我這麼做……。」雖然，他們可能會在你面前崩潰，但只要記得一件事：真正的朋友，是絕對不會要求你包庇他們的。

法則51

保留工作上所有的往來記錄

當一切都有書面紀錄留存時，就能讓工作變得更單純、更簡單。

當出版社和我同意一起出書之後，我們就擬定出版合約，當中詳述了所有寫作期間可能會被遺忘的事項，如此一來，假設當我交出草稿而出版社卻說：「這裡只有一百頁，我以為我們討論的結果是兩百頁。」的時候，我就可以拿出合約，找到清楚寫下一百頁或相關字數約定的字句，諸如此類。

換言之，無論上司或老闆要求你做任何事情時，都請當著他們的面「寫下」所有指示細節的備忘錄，如此，他們之後就很難責怪你做錯或遲交。例如，假設老闆口頭要求你要交一份報告，請馬上回一封簡短的郵件，概述相關重要事項；記得，必須要很簡短，之後才不會造成疑慮。另外，也要記得存檔，並確保他們知道這件事。

這個工作技巧不是為了幫自己掩蓋可能做不好事情的預防針，相反地，它能澄清所有問題。當一切都有書面紀錄留存時，就能讓工作變得更單純、更簡單。畢竟，誰能和一封有日期的電子郵件爭論呢？

在工作上，由於微小細節所造成的失誤及其發生的頻率，多到令人難以想像，所以，不妨一開始就通通用白紙黑字寫下來吧！保留紀錄不是麻煩事，而是聰明的預防措施。沒有人能過目不忘，每個人多多少少都會忘記一些事情，諸如日期、次數、細節等。但只要我們有寫下相關備註，之後就能以此為據，避免紛爭。當你把工作上的細節記錄下來之後，往往就會驚訝於自己原來有多常記錯事情。

或許你會說：「很多工作管理類的書籍都建議，要定期刪除郵件，尤其是超過六個月以上的郵件，這表示你不需要它了！」胡說，你必須保留工作上所有的往來紀錄；無論是紙本資料、訂單郵件副本，或老派的紙本信件，你該做的事情是創造更多歸檔空間收納它們，而不是丟掉，除非直到某一刻你百分之百肯定不會再用到它們，才可以丟掉。

我曾經和某個出版社大吵一架（當然不是本書的出版社），起因於五年前我幫他們寫過的一本書。書中有一項爭議沒有被合約內容涵蓋到，但我保留了當初往來的溝通記錄，並拿給他們看（有點像學校數學課時拿出作業那樣），上面寫得很清楚，我寫的東西，正是當時他們所要求的內容。

我就是這樣擺脫了困境，所以你不能要求我把東西丟了——想都別想。

法則 52

有時真相點到為止就好

生活中有許多無情之事，但你不需要參與其中。

儘管我們已經肯定你絕對不會說謊，同時無論如何都不會包庇同事，因為你不需要成為一個滿嘴謊言的假好人。此外，也不需要主動提供訊息，除非事情直接導向你這裡——知道同事把事情搞砸，不代表你必須跑去老闆面前告發他們。相反地，有時往後站一步，看看事情如何發展，對你來說反而更有好處。如果同事知道你知曉這件事卻什麼都沒說，也許就已經幫了個忙，說不定日後還能算上個人情。

不過當然，如果你被問到了，也別說謊，了解「真相」和「全部真相」的差異很重要。不說謊是一回事，吐實和坦白說出你所知道的一切又是另外一回事。有時候，值得小小地編輯一下你所知道的事情，身為法則實踐者的美妙之處就在於：你能在往前走、並在成功的同時，還能做你自己——成為不折不扣的好人。這表示你不會說謊，不會掩蓋事實，同時也表示你不會暗中探查同事，不會告發、背叛、陷害、舉報、揭發同事，或把同事拖下水。聽好！這是一個現實的世界，狗咬狗的謬事隨時在發生；小心點，身邊總是充斥著很多討人厭的人，生活周遭時常會發生很多無情之事，但你不需要參與其中，你不需要成為向老師打小報告的人。不過，你要隨時保持機靈，知道什麼時候該吐點東西、什麼時候該把嘴閉緊。

與此相對，你必須成為一個知道該說什麼以及什麼時候說話的「八面玲瓏之人」；行動敏捷的「武術大師」；讓別人帶著問題來找你，但你的問題留給自己就可以的「心理師」；把一切看在眼裡、瞭然於胸、惜字如金的「禪學大師」。

所以，當別人來詢問你的意見時，必須揣測他們真正想問的是什麼：他們真的想聽真話嗎？「你的報告真是爛透了」；或是有所保留的真相？「你的報告不錯。」一點到為止；有褒有貶的真相？「你的報告蠻好的，只是遺漏很多事情」；安慰人心的真相？「你的報告真的很好，我很喜歡，我喜歡你就是因為你的報告真的做得很好」；還是真實的真相？「我還沒有時間看你的報告，因為我不喜歡你，而且看起來是非常無聊的報告」——這或許就有點像真實的你了。

法則53

培養你的後援與人脈

直來直往不是一件尋常事，如此將沒有任何防備，也沒有任何保護色。

如果你不會包庇別人，你之於別人的用處是什麼？誠如前述，這是一個現實的世界，人們對你有很多的期望：他們希望你欠他們、希望你背黑鍋、希望你包庇他們、希望你幫他們做完吃力不討好的事，還要幫他們瞻前顧後，而且是「同時」做到以上這些事情。然而，你現在已是法則實踐者，這能讓你脫離瑣碎的辦公室派系鬥爭；你現在是獨立個體，不需要餵養鯊魚，還要避免成為他們的食物。不過，現在的你是什麼？你又為了什麼呢？

你是一池靜水、暴風之眼，你是團隊中的可靠力量，不會左右搖擺也不會輕易動搖；你就像預設值，是正直因子，也是其他同事評價自己的標準，如果你認定那是禁區，同事也會知道這是不可越雷池的一步；如果情況棘手時你轉身離去，同事們會知道這就是不能觸碰的情況；如果你說好，同事們就會知道那就是真的好。

總的來說，你是先行者，是評判一切的準則。不相信我嗎？試試看，在工作上絕對行得通。

正因你如此可靠、正直、值得信賴，所以其他同事很快就會因為信任你，而尋求你的建議與指引。但是，你可不會無償付出心力，每一次的鼓勵、每一次導向正確方向、每一個有用的線索與提示，每一個指引都有代價，就是獲得其他人的「忠誠」。你或許可以不和狼群一起打獵，但是這些狼最好要知道誰才是首領——沒錯，就是你。

至於要如何達成這個目標呢？善良、體貼、坦然以待；千萬別讓他們失望、不要背叛他們、不要落井下石；永遠保持正向、可靠、忠誠，但也不可以說謊和包庇，可以的話和他們保持良好的保護、合作和照顧關係，真誠地關心他們，把別人當成「人」來看待。

「這樣他們就會聽命於我？為什麼？」職場就像是一個冒險遊戲，直來直往可不是一件尋常事，如此一來將沒有任何防備，也沒有任何保護色。很少有工作管理類的書籍或課程會教你要善良、要直率、要誠實。不宣之於口的普世智慧是無情、占便宜、狗咬狗，但之所以會有這樣的結論，是因為這種觀點把每個人視為狗，而不是有血有肉的人。

法則實踐者不會這麼做，我們陪伴他們、告訴他們事情應該是怎麼樣的，如此一來，他們就會跟隨你前去天涯海角。

法則54

謹慎看待辦公室戀情

當然，你無法肯定這段關係能長長久久，但如果這不是你的選項之一，就別惹這個麻煩了。

有人說，不該和一起工作的人約會，理由是可能會招來怨恨、壓力、嫉妒、干擾、挫敗，且往往會傷害工作表現和聲譽。此外，如果工作上出現摩擦或不順利，通常關係就會陷入麻煩或告吹。

某種程度上我同意，確實沒有理由在辦公室派對上陷入不良行為的陷阱。如果你不能拒絕和會計部的天菜同事一起把屁股放上影印機，那就最好不要參加派對。至少如果你想認真成為法則實踐者的話，就該這麼做。

問題是，寫一條簡單的法則說「絕不要和同事約會」，其實是有瑕疵的。如果我遵循這個建議，我的三個年紀最大的孩子就不可能出生了。不過我也不會因此就倡導辦公室戀情，只不過確實有很多人是在職場上遇見了一生的伴侶，所以我們不能忽視或禁止這件事情發生。

那麼，法則實踐者該怎麼做？有一個唯一的答案，就是：**工作職場上只允許自己願意進入「認真經營」的關係中**。當然，你無法肯定這段關係能長長久久，但如果這不是你的選項之一，就別惹這個麻煩了。所以問問自己這個好問題：這個人對你來說比工作重要嗎？如果你必須放棄其中一者，你會選誰？如果你會很快放棄工作，那就去吧[8]！當然，你也可能很幸運地不用放棄任何一方。

一旦決定和同事進入關係之後，當然，你就必須成熟，並自此負起責任，同時為你們兩人設立規則，這樣不僅不會讓私人關係影響到工作，你的成熟、理智也會讓同事與主管更加敬重你。

另外，以下一些基本原則還可以幫助你的辦公室戀情更順利：

- 不要公開放閃。
- 上班時間不要擠在一起竊竊私語或說笑玩鬧。
- 讓你的同事與直屬主管知道你們的關係，否則他們會覺得不太對勁，但又不知道是怎麼一回事。另外，在公司時要表現得好像你們不會一起出去。

•如果工作上存在利益衝突時，請要求重新分配工作（這也是之所以要讓直屬主管知道的原因）。另外，你也不能客觀地讚美、處分或與對方面談。

8 我先說，在你約他們出去之前不需要先聲明這些。

法則55

了解他人的動機

任何以需求、恐懼、貪婪為動機來行事的人，都要小心以待。

驅使你好好工作的動機是什麼？我們知道你是法則實踐者，你正直、勤奮、工作認真、敏銳、成功、有上進心。你的工作做得非常好，讓你的老闆為之驚艷、贏得同事的尊重和下屬的愛戴與忠誠。晚上回到家之後，你知道你今天的工作做得很好，對每個人都很友善，是一個不折不扣的好人。你一夜好眠因為你沒有傷害任何人、沒有違反任何法律、沒有做任何形式的壞事。你賺到很多錢，但這不是你的動機，你的動機是要成為一個最好、最棒的人。

但其他人的工作動機是什麼呢？沒錯，要和別人好好相處，就需要了解其他人的動機。要了解別人的動機表示你必須走入黑暗、模糊不清的心理學世界。

之所以會讓他人失望的理由非常多，好比：

- 權力。
- 聲望。
- 報復欲。
- 需要傷害別人。
- 需要被愛。

不管其他人的動機是什麼，我敢打賭他們不是法則實踐者，與他們相比，你卓然超群、超然、冷靜、自制、端莊、精幹。然而，任何以需求、恐懼、貪婪為動機的人，都要小心以待；你必須確保你站在他們那邊但無需奉承，你以智取勝，但不會因此降低自身標準或偏執，和他們一般見識。

現在，環顧你的辦公室，找出每個同事的動機，同樣找出直屬主管與老闆的動機。學著找出他們的動機，就能輕鬆面對他們，因為知識就是力量。

法則 56

堅守自我信念

如果沒有人為了正直舉起旗幟，就沒有機會了。

有時候，會發現工作環境中的所有人，以任何形式來說都稱不上法則實踐者；他們行事不正、不誠實，拒絕改變或阻礙他們與你相處的方式。這時，該怎麼辦？

聽著，我知道這很困難，但如果你為此降低自身標準，只會讓事情變得更糟，不會變得更好。當然你不需要守著這份工作，但我了解，有時候捨棄一份工作並不容易，你可能會覺得自己必須堅守下去。所以，請堅守你的道德高標準、堅守你的信念：正直、誠實、可靠、公正、俠義、懂進取。如果你行事不正，別人為什麼就該行事公正？這或許是一個渺茫的機會，但你仍然應該抱持希望。

我曾聽過一位困於這種情況的讀者分享，她顯然是極致的法則實踐者，堅定拒絕降低自己的標準。她努力地建立一個互助團隊，推動早該開始且不受歡迎的改革。她的有些夥伴因此受到威脅，出來指控她貪腐、行為不良，導致她被解僱。但你知道嗎？她的老闆直接否決了這些指控，你看，作為一個法則實踐者，她終究得到回報，即使她工作上遇到問題，但她的主管可不是笨蛋，他們最終仍察覺到她是個有貢獻又忠誠的員工。

所以，如果你也處於相同的困境，我理解你，但我只能告訴你要「堅守初心」。如果你讓他們影響了你，或者情況更糟的是你依照他們的方式行事，那麼，最終你不但沒有立足之地，晚上也無法安心睡覺。如果沒有人舉起正直的旗幟，就永遠沒有機會了。

事實上，大多數人更願意當友善、正直、體面、互助的人，他們只是不願意成為「第一個」這麼做的出頭鳥。在腐敗的環境下更容易沉淪，但如果你展現出別人所沒有的勇氣，很多人就會願意追隨你。當然，不會是全部，但只是幾個盟友就足以讓你更快樂，證明你的決心是對的——無論是做對的事或遵循法則都是。

法則57

客觀理性地審視一切

你必須學著轉念、放鬆，不要把事情得想得太嚴重，懂得換個角度思考，輕鬆以待。

說穿了「工作就只是一份工作」，它不是你的健康、你的愛情、你的家庭、你的小孩、你的人生或你的靈魂。順帶一提，如果工作對你來說真的是上述的任何一種，那你可就真的大錯特錯了。

再次重申「工作就只是一份工作」。我知道，你需要有收入，但這就只是一份工作，人生除了工作之外，還有許多其他事情，所以不應該為了一天的工作不順而：

- 失眠、吃不下飯。
- 失去「性」趣。

• 抽更多的煙、喝更多的酒。
• 吸毒、濫用藥物。
• 更加易怒、沮喪憂鬱、壓力倍增。

然而，令我們感到驚訝的是，人們有多常因為工作不順就做了上述這些事情。沒錯，他們可能經歷了很多不順的日子，但就單一事件看，那就只是過得不順的一天。換言之，你必須學著轉念、放鬆，不要把事情得想得太嚴重，懂得換個角度思考，輕鬆以待，客觀理性地審視一切。

培養興趣，掌握人生。**你靠工作維生，但不是為工作而生**，所以：不要把工作帶回家，學著堅定地說不；把家庭擺第一，多花時間陪陪孩子。尤其孩子們成長飛快，如果你埋頭工作，可能會錯過他們珍貴的童年時光。

相信我，我就看著我的孩子們長大，他們成長之快，快得令人害怕。當下可能覺得孩子的成長時間很慢，養育他們壓力很大，但很快就過去了，而且是不能挽回地過去了。我以過來人的經驗奉勸各位，千萬不要總是忙著每晚加班，或出席另一個有夠無聊的週末會議。記得，孩子的成長只有一次。再次重申，這就只是份工作而已。

Chapter 6 融入群體

Blend In

沒有人喜歡黑羊、白烏鴉，或魚群中與其他魚隻游向不同方向的魚；本章的這些法則，會教你如何融入群體，成為「他們的一員」，讓你不會像局外人一樣格格不入。

另外，或許這些法則還可以讓你在群體中脫穎而出，成為領導者。你將懂得該如何做得更好、更有效率，但在群體中，仍然會被視為「自己人」，因為你知道如何玩這個「融入群體」的遊戲。

法則58

了解不同的企業文化

你不必全然接受或相信企業文化，只需要「適應」它就好。

每個企業、每間公司、各種行業，甚至只是一間小型工作室都有其不同的「文化」。了解這樣的文化內涵能讓你取得優勢，進而取得成功的鑰匙。別忘了，知識就是力量。簡單來說，這裡所說的「文化」，就是裡頭人們做事的方式；有時文化是公司主動引領，但多數時是由員工所創造的不成文規定，沒有事先計畫或任何策略。若不了解文化或沒有善加利用，看起來就會像個笨蛋，或是容易被占便宜、被貶低。

有一項重要的研究數據各位必須銘記在心，那就是：七十%的解僱理由都不是因為員工沒有做好工作，而是因為他們不了解企業文化，說得更直白些就是無法適應。

請思考以下這則廣告，它來自相當有名的加拿大設計公司「BMD」（Bruce Mau Design）。公司老闆布魯斯・莫（Bruce Mau）在招聘新員工時，曾設計了包含四十個提問的測驗，其中有一個問題是：「誰拍了一部只有藍色的電影？[9]」在廣告中，布魯斯開頭就說：「別走平地，跳越圍欄。」因為這個廣告，他成功招攬到最優秀、最有天分的頂尖設計師為他工作，或者說和他一起工作——這是他描述自己和員工的相處模式。

現在，你覺得布魯斯期望、想要、得到的企業文化是哪一種？你要如何適應？你覺得布魯斯對你的期望是什麼？

你不必全然接受或相信企業文化，只需要「適應」它就好。例如：如果公司的人都打高爾夫球，那你也去打；我知道你討厭高爾夫球，但你還是會去的，因為這就是快速融入環境的門票。你可能會懷疑打高爾夫球是否是你想要的，但如果你是法則實踐者，想融入群體，取得成功，同時想成為這間公司的一分子，而他們的企業文化就是流行打高爾夫球，那麼，無論個人好惡，你就必須去打高爾夫球。

9 順帶一提，當然是英國導演德瑞克・賈曼（Derek Jarman）。

法則59

「說」他們的語言

即便這些行話很無趣，還是必須跟著大家一起說。

所謂的「適應」意味著要跟隨企業文化，而「和他們使用相同的語言溝通」，是很重要的部分。如果你沒有說對行話，或者在錯的時間使用行話，都可能讓遊戲告終。如果大家都用無趣的行話溝通，那你必須跟著說。沒錯，在此沒有時間也沒有空間討論你是否想成為這間無趣公司的一員。這個問題，等到你睡不著、一個人獨自在清晨探索生命意義的時候再思考吧！

為此，假設老闆用供應商風險管理系統的行話來討論員工產品比例，那你也必須用一樣的術語。你的工作不是去教育、再教育、教化、啟發、教導這間公司的其他員工或老闆，或是幫他們上課、提拔他們、停止簡化流程或提供建議。他們的企業語言就是你必須使用的語言，我知道總有些時候你會被逼瘋，但你還是必須跟著說。

我曾在義大利老闆底下工作，因為他對英文理解不足，曾說了「人戶」（clienters）一詞，他混用了「客戶」（clients）及「客人」（customers）這兩個字，自創了一個新字。由於他是老闆，這個荒唐的錯字就進入了公司的公領域，從上自總經理下至每個員工都說「人戶」。我大可站在那邊大喊：「不，不，不！這是錯字！馬上停止！」但這麼做對我沒有任何好處。

當時，每次聽到「人戶」我都感到非常厭惡，但我了解法則，所以也跟著說「人戶」。所以，多花一點時間聽聽你的公司如何使用語言，他們說的是皇后區式的英文，還是結合了奇怪的地方語言？這裡說的可不是口音，而是像「人戶」這種每個辦公室都必須學會的單一詞彙。

我也曾和一位美國人一起工作，她說人們都必須和墨西哥人一樣努力工作；這是她的生存之道，因此在她的想法裡完全政治正確。不過當然，這樣的想法不好，是錯誤的，甚至是一種冒犯，但她是公司老闆，所以「墨西哥人」這個字就被流傳下來。再說一次，這是錯誤且非常不禮貌的說法，但那就是當時的用法，不是我說的，不過我也沒有為此引起大家的注意。

話雖如此，這條法則還是有唯一的使用例外，就是在「罵人」的時候可以被打破。誠如前述，法則說不要罵人，但如果企業文化就是每個人都用罵的，你該怎麼做？答案：不罵人。這個情況下，法則四十三凌駕於法則五十九之上——你就贏了。

法則60

視情況適時裝扮自己

不幸的是，我們英國人做不好的事情之一就是「穿得休閒」。

你永遠都會打扮得很優雅、有型、俐落，但如果你在設計公司上班，大家都穿牛仔褲和T恤呢？這樣的話，你也要穿牛仔褲才行，只是你的那件牛仔褲，一定要是最俐落、最有型、最時尚、最前衛的，不過！千萬不要燙牛仔褲，拜託千萬不要燙出線！

最簡單的方法，就是看看其他同事都怎麼穿衣服。如果會議上大家都把外套脫了、捲起袖子，那麼你也應該這麼做；如果是非常正式的場合需要穿上外套，那麼你也要把外套穿好。我知道這件事聽起來很簡單，但你一定會很驚訝，只要環顧會議現場，就會發現總是有一個人看起來相當與眾不同，而那個人往往就是會被別人排擠的人。

無論是誰，只要是人或多或少都需要歸屬於人群，讓自己適應、融入、隱藏其中，如此一來，就不會引起不必要的注意。因此很顯然地，如果老闆把外套脫了，你也必須這麼做。不過，不要變成複製人，盲目地跟著別人，我們說的是一般情況下，「適時地」裝扮或不裝扮自己，而不是每分每秒的事情。

關於這件事，我始終覺得最好先暫緩動作一下，先看看別人做什麼，而不是跟著帶頭起鬨的人衝第一。先退一步，看看情勢，前面可能是懸崖而不是升職的機會，或是一個跳水台，但下面沒有水。

關於穿著是否合宜，我認為在心中找一個仿效的對象，非常有用。我們可以參考他們是否會做某件事，或是穿某種特定風格的衣服。

在我職涯的多數時間裡，我的參考對象是英國演員卡萊·葛倫。因此，我總是會問問自己：「卡萊會穿這件衣服嗎？」如果答案是肯定的，那就穿，反之如果答案是否定的，那就不要穿。看，很簡單吧！我可是暴露年紀了，你可以選一個更適合你的對象，但一定要好好地選。

另外，即使企業的裝扮文化是休閒風格，你還是可以有點巧思。不幸的是，我們英國人做不好的事情之一就是穿得休閒，我們從來沒有合適的氣候能練習這件事；我們不能只穿短褲或T恤、夏威夷花襯衫或紗籠。即便如此，我們還是可以很聰明地穿著得體。

法則61 見人說人話

一個完美的管理者就是長袖善舞的人。

只要你能做到，成為變色龍確實是件好事。每個人都是截然不同的個體，如果你用同一種方式對待所有人，就可能會冒犯到所有人，或是無法得到任何人的好感。

如果你已為人父母，就更容易理解這條法則。尤其當你不只有一個小孩的時候，更知道不能用同一個方法對待他們是多重要的事。每個小孩都需要有不同的動力；有些小孩只需要父母流露出一點失望的情緒，另一些則必須要父母真的變身成食人魔，才能讓他們在早上出門前好好穿衣服。

我有六個孩子，每一個都必須用不同的方式對待，然而有時我忘了，就用同一個方法對待他們，而他們會因此被嚇到，甚至受創。每個孩子都需要我用不同於別人、專屬他們、量身打造的方式對待。同理可證，身為為經理，你對下屬來說就是某種意義上的父母，也必須因人而異，以各別的方式對待。

我曾為一件非常小的瑣事假裝發脾氣，為的是讓事情的發展更如我意，不過因為這次發怒而受惠的人卻被嚇到了，所以我馬上收回情緒。現在很少有老闆能容忍這樣的事情發生，換成現在，我可能會直接被掃地出門。

當我還是總經理時，總是覺得我可以一視同仁地以親切、友善的態度對員工，好讓他們發揮出自己的最佳表現，但總是有些人不會領這份情。這些人過時的工作方法太根深蒂固，以至於當他們覺得老闆就是徹頭徹尾的混蛋時，就會以大吼大叫的方式說出自己的不滿。不過當我以平心靜氣的方式詢問，對公司有什麼不滿或還有什麼想法時，他們卻給不出回應。所以面對這樣的員工，我必須用討人厭的方式對待他們，才能讓他們開口回應我。記得，方法因人而異，不可一概用之。

為此，你必須有好的適應力，準備好根據需求快速轉換方式，完美的管理者就是長袖善舞的人。好好研究你與人相處的模式、想想你待人處事的方式始終如一嗎？不管他們是誰，也不管發生什麼事嗎？你可以快速、輕鬆地適應並改變自己的方式嗎？找找看身邊有沒有人應對得很好，看看他們是怎麼與人相處的吧！

法則62

讓你的上司體面些

這也是其他經理會羨慕的忠誠度。

如果你的上司體面，你們部門也就會體面，這對你來說是件好事，所以這條法則應該不難懂。然而，我非常訝異有這麼多人會在背後批評上司，總是要把責任推到主管身上。我理解，你的上司可能是個蠢蛋，沒有生意頭腦，難相處又苛刻，不會處理人際關係，不知道如何管理部門，缺乏職業操守、天分和社交手腕。如果以上屬實，那麼他們的形象，更需要你的全力相助。

沒錯，總有幾個上司真的是很糟，但也有少數毫無缺點的上司，然而這些都不是重點，重點是：之所以要讓你的上司體面點，是因為你也能從中獲益，你的上司遲早會開始注意到這件事情——有個部屬很挺他。

上司在場時這麼做當然合理，但如果你在他不在場的時候，一樣支持他、信賴他，著重於他的優點，對你更有好處。因為，其他資深經理會對此印象深刻，而你所說出口的話也會傳回你直屬上司的耳裡，好比：關於你如何告訴大家是因為上司的認真仔細，才讓展覽沒有超出預算，或是談妥了一樁大生意；都是因為上司的鼓勵，才能讓團隊有信心完成這麼棒的報告等。

事實上，這也是其他部門經理會羨慕的忠誠度，這樣的忠誠度有助於團結員工，成為更強大的團隊。這樣的氣氛也會被公司的其他人注意到，讓每個人都振奮起來，包括你自己。不過，如果你的上司其實「只會」把事情弄得一團糟，那你也「不需要說謊」來幫他說好話。我的意思是，你就不要談論關於上司把工作搞砸的這件事，說說其他他做對的事情吧！

當然，總是有些時候你和同事必須開誠布公地討論上司，才能像個團隊般運作，但你要確保只會提到那些真的必須談一談的缺點，同時保持公平客觀的態度。要知道，你的上司總可能會在最後一刻提供你所需要的資訊，所以，這麼做應該是比較明智的選擇。話雖如此，你還是可以用客觀實際的態度表達意見，只要不是用惡毒、批評的方式表達即可。

法則 63

打探上司的休閒嗜好是什麼

讓你的臉被記住；讓你的名字也被記得。

總有某些地方，是大人物們在正式或私人聚會時會去的地方。你需要好好確認和利用這些地方，因為這裡是可以取得資訊、製造接觸機會、被看到和產生影響的重要地點。

在工作以外，資深主管們總是有常去的酒吧；可能是高爾夫球俱樂部的第十九洞、當地酒吧、某間餐廳、某間俱樂部。無論如何，不管是哪裡，你的責任就是搞清楚是哪些地方。不過，可別急著衝進去，這只會把事情弄得一團糟。首先，你必須好好偵查這個地方——裡外勘查，在進去之前先掌握所有你需要知道的事：餐廳裡是否有你應該知道的著裝要求或風格？那間高爾夫球俱樂部的會員是否有候位名單？那間酒吧是應該自己去、還是該攜伴去的地方？那是一間容易加入的俱樂部嗎？你和上司一起前去這些地方可能會覺得怪怪的嗎？這些地方是你可以碰巧出現並說出「我正好路過」，還是會顯得你很刻意在附近閒晃等待出手呢？

至於工作時間，這些地方可能是走廊、茶水間、咖啡機或影印機旁邊，你必須確保自己在上班時間適時地出現在這幾個地方，好讓你的臉被記住、讓你的名字也被記得。

另外，在正式場合中，也許有些上司會跑出去抽菸，所以即使你不抽菸，還是可以突然出現一下（如果有人問，就說「呼吸新鮮空氣」），成為吸菸族群的一員。或者，他們喜歡在踏進會議室前去附近酒吧喝一杯之類的，你可以聰明一點讓自己比他們早一步踏進去，這樣就不需要為突然出現找理由了。

法則64

掌握公司的不成文規定

這些「社交禮儀」可能非常顯而易見，重點是找出這些規則並記錄下來。

每間公司、每個工作場域都有其不同的「社交禮儀」，或者說「不成文規定」，我們必須了解它，並懂得運用它。這些規則可能非常簡單，例如：

- 不能把伴侶帶來辦公室。
- 休息日也要出席內部會議。
- 絕對不會把車停在某幾個特定車位，例如，即使沒有標示，但是大家默認預留給總經理的伴侶或孩子的車位。
- 在給同仁的離職道別卡片裡放五英鎊，但生日卡片裡只放兩英鎊。（編注：英

國職場文化）

- 不會把果醬甜甜圈和咖啡一起吃，因為那是專屬於有權勢的席維雅的吃法——一向如此，以後也是。
- 在總經理面前稱呼她為瑪裘莉，在其他員工面前稱呼她為小瑪，在她的私人助理面前，則稱呼她為強納森太太。
- 午餐點紅酒沒問題，但啤酒就不太好。

你永遠不會知道哪些不成文的規定會突然跑出來，例如：上一個總經理曾被喝啤酒的員工狠狠揍了一頓，所以午餐時禁止喝啤酒；裘理的丈夫曾經讓瑪裘莉出糗，因為他的行為過於輕浮，所以禁止家眷出現在辦公室。

這些「社交禮儀」有時可能非常顯而易見，例如：席維雅喜歡果醬甜甜圈，她有權有勢所以可以想做什麼就做什麼。因此，重要的是找出這些規則，願意的話你可以記錄下來，但是如果你不希望發生嚴重的「社交失誤」，最好先徹底了解這些規則背後的原因。

我曾在一間公司上班，他們認為在工作日喝酒是大忌，甚至午餐時間也都不能喝杯啤酒，總之酒精就是大忌，但我找不出原因。我很樂意配合這一點，畢竟我是不喝酒的人，但我還是非常困惑。後來我終於找到原因了，原來曾有一位財務經理每天下午都會在自己的辦公室裡小瞇一下睡午覺，但實際上他並不是在睡午覺，而是午餐時間大肆酗酒，然後下午就偷偷把公司資金轉移到他的私人帳戶。

最後他被抓到解僱了，自此之後「不能喝酒」就是公司的鐵律，就連辦公室的門也絕對不能關上。

法則65

找出誰是真正的掌權者

誰負責管理辦公室的大小事？我敢打賭這個人絕對不是老闆本人。

誰負責管理整間辦公室的大小事？我敢打賭這個人絕對不是老闆本人。老闆們都喜歡把自己關在象牙塔般的辦公室，把真正營運公司的工作交給別人，而你的工作就是去找出這個人是誰，然後「站對邊」。

我曾待過的公司裡，真正的掌權者有公關、法務秘書、審計師、客戶、襄理。在每個案例中，這些人之所以能真正掌權的原因有：

- 老闆聽得進他們說的話。
- 老闆信任他們。

- 他們總是偷偷地散布謠言，而不會公開、直接了當地把話說出來。
- 他們的資歷很深。
- 他們完全受權力和控制欲驅使。
- 他們用各種相當討人厭的方式，不擇手段達到目的（不管目的是什麼）。
- 他們非常聰明但缺乏能好好完成工作的經驗、證照或技能。

在每個狀況中，只要我和這些人打好關係，就能在這家公司過得比較順遂。一開始我沒辦法馬上找出他們，而這讓我惹上麻煩；我總先去找老闆，但馬上就意識到這麼做真是糟糕，因為老闆總是跟我說「噢，有事先去問莎拉吧」、「先去找珍寧，如果她覺得不錯我再看」、「你要不要先去找崔弗確認一下再跟我說？」

於是，我很快就學會了，先去找在老闆身邊說得上話的人，和他們打好關係，千萬別與他們為敵，因為他們才是真正的掌權者，你應該要尊敬他們。

我知道這並不公平，你也討厭這麼做，但直到有一套更好的體系發展出來前，我們必須和現存的規則和平共處。

法則66

永遠不要否定別人

專注於自己的步伐，不要在意別人選擇的道路。

「喔！他們午餐時間又要去酒吧了。」你討厭這件事、討厭那裡的嘈雜與氣味，還有只會討論昨晚電視節目的無趣對話。

但你會跟他們說嗎？不，你不會，因為你要「融入其中」成為群眾中的一分子；你必須做到即使「身體」不在場，但是其他人還是會覺得你的「心」與他們同在。所以，你還是要先現身在午餐的酒吧聚會，再想辦法「逃脫」就好。方法很簡單，只要說你要去買點東西、見個朋友、去健身房等。

重點就是，不要否定他們消磨午休時間的方式，這樣會讓他們覺得你跟他們不是一路人。另外，你不會告訴他們你要留在辦公室是為了趕工，這樣他們會覺得你很討厭，但你可以說你要去買東西，然後找一個適合停車的地方，喝點飲料和吃美味的三明治，並帶著電腦，這樣你就可以完成一些額外的工作，但你不用讓他們知道。

不要告訴他們你覺得午餐時間喝酒既不健康又沒效益，而是跟他們說「幫我多喝一杯」、「我很快就回來了」，讓他們繼續喝，不用在意你。這樣午餐聚會團就會接受你是「他們的一員」，但你其實不用加入他們。很簡單吧？**只要不否定他們，你就會被接納**。

或者，也許他們週二晚上都要去打保齡球。你不要說：「保齡球不是都怪胎在打的嗎？」你可以說：「啊，週二晚上嗎？我恐怕沒辦法跟了，我要帶媽媽去看電影。」或者，試試看收起你的驕傲、你的準則、你的不認同，就去吧！誰知道，說不定你會玩得很開心，而且你會融入人群，也不會流露出對同事的不悅——真是聰明！

別人要如何消磨休閒時光、金錢、人生，都與你無關。聰明人專注於自己的步伐，不會在意別人選擇的道路；專注在你要去的地方，不要管別人做些什麼。只要忽視這些，就能輕易做到不任意評價他人。事實上評價別人，就是把自己歸於某一類，如此就更難讓自己從某個情況中轉換到另一個情境，如此一來，就是把自己限制在一個小框框內，缺乏彈性和靈活，這可不是好事。

法則67

了解從眾心態

請獨立思考，用狼的角度思考。

人類喜歡組成一個個非常安全的小團體，比如：家庭、朋友、同事、城鎮、國家、民族、軍隊，同時他們會奮力戰鬥，只為了保護自己的團體。如果你畏懼他們，或者（這點很重要）被視為威脅，這群人就通通不會喜歡你，所以千萬別這麼做。為此，了解從眾心態很重要、融入人群也很重要。

假設你的群體是一群獅子，你就可以在塵土裡打滾、咆哮、吃斑馬，表現得非常兇狠，你融入其中，因為你就是獅子，然而，這不代表你必須讓步或示弱。每個群體中都會有一個首領，就好比獅群中的雄獅。你可以透過融入獅群，進一步透過掌權、成為領袖，最終就能成為最高的領導者脫穎而出。

想要成功融入群體，就是要成為變色龍，而不是懦夫；我說你應該融入群體，不代表你就要放下自己的個性，或成為別人的複製品、失去所有的個人特質。你要做的，就是知道並了解從眾心態，並利用這一點，讓它成為你的優勢。

我曾見過一名員工傷心落淚，因為他不了解這個規則，而群眾（也就是他的同事們）對他發動攻擊，因為他表現出「不同」，他們聞到他的恐懼就撲向了他。

你該做的事情，就是大家常說的「披著羊皮的狼」。如果羊群接納你，你就可以做很多想和他們一起做的事，反之，如果他們發現你有一點狼的蛛絲馬跡，就會開始非常不安。

當我們在研究「一群人」時，都會發現所謂的「一致性」——他們都喜歡當羊，因為這會讓他們感到穩定、舒適、安全、被保護。換言之，他們的想法都已經有既定模式：他們知道可以吃草，知道他們會被妥善照顧而感到舒適且安定。但你不需要這些，這些是羊要的，你是狼，請獨立思考，用狼的角度思考。

Chapter 7 提早行動

Act One Step Ahead

如果想要往上爬，最好從現在開始練習本章的法則。這些法則會教你如何適應高於你目前職位的特殊習慣、態度和經營特性。如果你「看起來」像是已經被升職，就更有機會心想事成，成功晉身升。

法則68

打扮得更像高階主管

你或許無法選擇你想要的職位，但你可以選擇符合該職位的穿著打扮，而且只要這麼做，就有機會得到那個頭銜。

我還是副理時，穿得像副理；我想當經理時，就去學習「經理」和「總經理」的穿著，不過後來我選擇穿得像總經理，結果我升職了。雖然錯過了副理與總經理之間的經理職位，但我直接成為總經理。

每個工作都有一個風格，你或許無法選擇你想要的職位，但你可以選擇符合該職位的穿著打扮，而且只要這麼做，就有機會得到那個頭銜，就是這麼簡單。別擔心，只要你能得到那個職位，就能馬上勝任這份工作——學會爬之前先別急著飛。

綜觀我的職涯，我曾負責很多不同職缺的面試，我總是很驚訝面試者的穿著打扮，因為他們看起來一點也不想要得到這份工作。我曾看過應試高階經理職缺的面試者，穿著皺巴巴的套裝、鬆垮沒有燙平整的襯衫、沒擦亮的皮鞋和沒整理的頭髮出現。作為一個火眼金睛的面試官，我不會錄取這些人，但同時我還要小心如此不會冒犯到公司其他部門的員工。我也曾看過幾場高階經理職缺的面試，他們遲到、去錯地方、記錯日期、錯誤認知，很顯然地，這些人也應徵錯了工作。我還曾負責實習生的應徵，他們穿著運動鞋出現，而這和我的認知不太一樣。

不論你正在做什麼工作，你都應該放眼再上一階的職位，不是嗎？如果你有留意那個職位，應該就會知道現在是誰在那個職位上，去研究他們，看看他們穿什麼？怎麼打扮？什麼風格？風格的強烈程度到哪？從他們打扮的方式你可以學到什麼？你現在可以開始學他們嗎？我說學他們的意思就是「真的穿得像他們」，所以如果這代表要穿俐落的西裝，那現在就開始習慣吧！

你要留意：同時開始一份新工作跟新的穿衣風格，是一件再悲慘不過的事。你很容易就會被人發現衣領不合、鞋子太緊、款式太怪，整個衣著風格完全不適合你，導致你老是在拉裙擺或拉領帶，整個人看起來十分奇怪。

法則69

學著像主管一樣說話

說重點、保持活力、少說個人私事，身為主管的人是不會把自己的社交生活拿來當作茶餘飯後的閒聊話題。

你的老闆是怎麼說話的？我猜，你想要成為老闆吧？如果不是，你想要誰的職位？還是我白問了？說說看嘛！你想要誰的職位？無論如何，我們先從老闆開始——你老闆的說話方式如何？

在此我所說的「說話方式」是指他們的說話內容，就是他們都說了些什麼，而不是他們的發音或口音。

我猜，你說話時會以「我」開頭，但有沒有發現，你的老闆可能更常會用「我們」開頭；你是從員工的角度說話，但是老闆則是從整體公司的角度。

另外，當你職位越高時，就越不可能做以下這些事：

- 無腦地閒聊。
- 大談八卦。
- 破口大罵。
- 談論昨晚的電視節目，或其他與工作無關的話題；老闆們說話時傾向說重點，不喜歡浪費時間。
- 喋喋不休；老闆們說話時會先深思熟慮，想好了才會說出口（至少稱職的老闆都會這麼做）。

所以，如果想讓自己的說話方式感覺更像主管，而非一般員工，開口前你需要深思熟慮、**只說與工作有關的話題**、**多用「我們」少說「我」**。簡而言之，說重點、保持活力，少說關於自己的個人瑣事。身為主管的人，是不會把自己的社交生活拿來當作茶餘飯後的閒聊話題。

簡單來說，你要做的就是當一個成熟大人，把其他員工當成孩子般說話。說話時要略帶冷漠疏離的感覺，展現出成熟負責、可靠認真的說話態度。不過，所謂的「冷漠疏離」絕對不是「傲慢」。

我想，你肯定遇過許多犯下這種說話錯誤的老闆和上司。工作時容不下傲慢，傲慢就是自負和自以為是。與此相對，我說的「冷漠疏離」是指客觀、憑借經驗、專業技術或能力的說話方式。

法則70 讓你的行為更上層樓

貫徹法則需要堅強的性格、意志力、決心、正直、勇氣、經驗、天賦、奉獻精神、動力、幹勁和非凡的領導力。

我們已經介紹過要進一步提升你的穿著打扮、說話方式，好讓你看起來更像主管；現在，你必須讓你的行為更上層樓。我當然知道，這些要求太多、太繁重、太困難了，但誰說過這件事情很容易呢？肯定不是我說的吧！從一開始我就說過這些事情都很困難；比起只想做好工作的一般人，你所要面對的事情更加困難。

身為法則實踐者要付出更多努力，要注意更多小細節，往往還要比努力工作「更努力」於工作，但成果會非常甜美。事實上，成為法則實踐者自然就有晉升的資格；

如果你能成為法則實踐者，升遷就是你應得的，這是一種自我實踐的預言。因為貫徹法則需要堅強的性格、意志力、決心、正直、勇氣、經驗、天賦、奉獻精神、動力、幹勁和非凡的領導力，一旦你擁有這些特質，無論如何都可以平步青雲。

所以，讓自己的行為更上層樓吧！觀察主管們是如何走進辦公室，看看有什麼不同的嗎？觀察他們接電話、和員工說話、招待客戶、拿筆、掛大衣、打開辦公室門、坐下、站起來等所有舉動。我想，你會發現他們的應對方式各有不同——從新進員工到維修團隊、銷售團隊到行銷人員或公關人員都不盡相同。

如果想讓自己的行為更上層樓，你要：

- 更相信自己。
- 更成熟。
- 更有自信。

你必須悠然、優雅、幹練，但千萬不要趾高氣昂或咄咄逼人。一個簡單的測試：你有專屬的辦公室嗎？大家會敲你的門嗎？當有人敲門時，你會說什麼？溫和的「哪位？請進？」還是更像主管的說話方式，直接說「請進」。

記得，職位越高的人就越不能浪費時間，但同時也會變得更從容圓滑、俐落迷人。你沒有時間閒聊或花很多時間解釋，直接說「請進」簡單又有力，所以你也要如此簡潔有力，這就是祕訣。

好的，下一條法則，謝謝。

法則71

像老闆一樣思考

學習開始用老闆的角度思考，而不只是小員工。

誠如前述，稱職的老闆們都講求效率，所以在想法上我們也要更上層樓，讓思緒更有效率。因此，我們不該浪費時間思考以下這些：

- 這會影響到我的休息時間嗎？
- 這表示我還是可以休假嗎？
- 這表示我要更努力工作？工時變得更長嗎？
- 我會因此獲得表揚嗎？

不，你的思考模式必須改為：

- 這會讓部門變得更好嗎？
- 公司能因此受益嗎？
- 我們老闆能把這個賣給員工嗎？
- 我們的客人會因此開心嗎？

讀懂這兩種思考模式的差異嗎？看到重點了嗎？你會開始用老闆的角度思考，而不只是小員工；**你會開始從公司的角度看待所有工作，而不是局限在自己那塊小小的辦公區域**。換言之，你應該：

- 看得更廣、看到大局。
- 規劃未來、望向未來、創造未來。
- 不再當多餘的冗員。

在我看來，本書的法則都是在教你如何在工作上成為一個獨立個體、如何為自己著想、如何獨立自主，當你都能做到這些，就不需要這些法則了。當然，如果目前的你還做不到，這些法則對你來說來有用嗎？當然還是有用，所以請繼續讀下去吧！

法則72

站在公司的立場來看待問題

如果公司提出一套新流程，應該馬上思考這是否會影響到客戶，而不是你自己。

我們剛剛已經討論過，你應該從公司的整體角度來看待工作上的每件事情，而不是你個人的角度。除此之外，你還必須更進一步，無論是獨處或與親近的同事之間，都只能談論和公司大局有關的議題或發生的問題。你的任何行為和表現都必須能說服其他同事，讓他們「覺得」你已經是主管級的人物了（更多說明詳見法則七十八）。

我還記得在籌備第一本書時，對書籍的所有細節都極為在意，比如：封面好看嗎？感覺對嗎？這樣的封面氛圍如何呢？當時，行銷經理顯然已厭煩我無止盡的電話轟炸、不停追問他每個小細節，最後他說：「豆子罐頭，老弟，都是豆子罐頭啊。」

那時我不明白他的意思，他只好一字一字解釋給我聽。他說，每一本書都是一個產品，就像是一個個豆子罐頭陳列在架子上，消費者買不買單不是我一個小小作者能決定的，還有其他許多變因存在，例如：陳列在哪個架子上、放在旁邊的競爭書籍、天氣狀況、書店有無折扣等因素，當然還包括封面顏色這種有趣的理由，都可能影響銷量。至於作者的工作，就是供應書籍的文字內容，然後開始想想會影響大局的因素有哪些，例如：一季該賣出多少罐豆子、每罐豆子我可以分到多少錢、下一罐豆子會是什麼內容，下次我們可以改賣義大利麵嗎？

突然發生問題時，人們總是會從自己的角度看事情，就是：它會如何直接影響你。不過，只要你跳脫出來，以整體角度看待事情，就能輕易停止沉溺於自己的角度，開始從公司的整體觀點來看待問題。不過，這不表示你必須成為對公司死心踏地的人，與此相對，你更應該忠實地表達出自己的個人意見。

如果它很糟糕，那就是很糟糕，你應該大膽說「不」，但是必須從公司的角度發聲，而非個人角度。換言之，當公司提出一套新流程時，應該馬上思考這是否會影響到客戶，而不是你自己的工作量是否會變多、變麻煩。

法則73

讓公司因為有你而變得更好

找到無需花費、更快速完成某件事情的好方法。

想讓自己在公司內聲名大噪？最讓人心滿意足的方法，就是提出一個能造福所有人的變革，而不僅僅是你自己或所屬部門而已。

舉個例子，我曾在一間公司工作，他們設置了很多意見箱，大多數人都覺得這是毫無意義的舉動，也不覺得有人會注意到這些意見。直到有一位我們幾乎不認識的女性，透過意見箱提出一項極其簡單的意見，她建議所有信件都應該以低重要性寄發，除非有很好的原因才能升級到高重要性。在此之前，所有信件都是以高重要性寄發。這正是我想說的事，原因如下：

- 直接了當，不需要多餘解釋。

- 公司中的每個人都可以做到，且不用額外花費。
- 很容易實行。
- 幫公司省下很多錢。

這就是你應該提出的變革意見：簡單、普遍、明確、馬上就能造福大家。不難想像，看到這位之前完全不受重視的員工，馬上得到管理階層的讚美與認可時，我們其他人有多麼羨慕，不過也認同她完全承受得起如此的重視。

好好檢視你的工作，看看是否能找到任何能造福群眾的事：你可以找到無需花費、更快速完成某件事情的好方法嗎？或者你有（或可以培養）某種資源能與大家分享嗎？這其實是法則四的延伸，但這次你可以找到同時造福同事的方法，例如：整理各式不同的資料，把它們清楚地列在同份文件裡，這樣大家就能更輕鬆地接收訊息；或是寫一份好讀的內部網路使用手冊，讓每個部門都能用這份手冊訓練新進員工。

我想讀到這裡，你肯定已經抓到重點了，那就是：如果你能找到為每個人創造有利條件的方法，並與大家分享，如此一來，每次當他們運用這個方法時，你的功勞自然就會再添一筆——這就是重點所在。發自內心地幫助別人，更重要的是你自己。

法則74

多說「我們」少說「我」

比起說「我」，說「我們」會讓你看起來更成熟，更穩重。

曾有一個老闆，他問我們是在為誰工作，我們說：

- 我們自己、我們的家庭。
- 我們的銀行經理。
- 我們的自尊。
- 我們的老闆。
- 管理階層。
- 公司董事會。

・客戶。
・國稅局、政府。

聽完我們的答案之後，他溫和地對我們說「這些都不是」，他說我們是「為了股東工作」，就這樣，這就是你們服務的對象，所以現在去買一些公司的股票吧！這樣從現在起你就是為自己工作、現在起你就可以開始說「我們」、「我們的」，不再說「我的」、「我」之類的話。

現在，你也是股東了，所以當不得不討論公司程序時，就必須好好思考這將如何影響「我們」，也就是股東們，不再是（不久之前你也曾是）他們、員工。

如果參加會議時，比起說「我」，說「我們」會讓你看起來更成熟，也更穩重，例如：

請說「如果我們要執行這套新流程，我們必須先評估新進員工的反應能力」而不是「我覺得這爛透了」。

請說「我們應該優先安排時間討論展覽的事」而不是「我超緊張，該死的展覽只剩兩週，但我什麼都還沒完成」。

法則75

付諸行動

你必須成為你想成為的人、想要成為的模樣。

現在你已經整裝完成，要付諸行動了：你必須成為你想成為的人、想要成為的模樣。這次，不是模仿，而是訓練，如果你不能付諸行動，就不能得到那個職位。

還記得本書一開始說過的嗎？你必須能提出更好的想法、你必須能做好工作，而且還要好上加好，這是最低限度。如果你做不好工作，就離開吧！

本書的這些法則可不是給滿口胡言或裝模作樣的人看，我們的目標群眾是勤奮、有才能、努力工作、有天賦的人，這些人已經準備好付出努力，盡情發揮才能。

所以，去研究那份你渴望的工作。現在誰在那個崗位上？學著把他們想成正在做你的工作的人，他們會如何處理這些事？學著用你上司評價你的方式，來評價職位比你更高的人。不要抱怨或埋怨主管的做事方式，反而要觀察他們的錯誤，從中學習並獲取經驗。看看他們是哪一步走錯了，並誓言絕不犯相同的錯誤。看看他們做得特別好的部分有哪些，從現在開始練習他們聰明的舉動吧！

如果你打算開始付諸行動，就必須要有良好習慣、對的服裝儀容、對的說話方式、對的行為模式、對的應對方式和態度。要得到這些，你必須花點時間來實踐以下這四點計畫：

- 觀察。
- 學習。
- 練習。
- 融會貫通。

準備好這四件事，你就能展翅高飛了！當然，你也必須在沒有人知道的情況下做好這些事，就和你的日常工作一樣。這要求很困難？當然，誰說過這很容易呢？

法則76

多花點時間和資深員工相處

你一定會很訝異老闆們多感激有「員工」願意和他們說說話。

不論你在公司的位階如何，都可以多和資深員工相處，只要相處得宜，他們甚至不會發現你的意圖。記得，一定要相處得很自然，如果被發現你有所圖，就可能被視為多管閒事的人、間諜、入侵者、不速之客。就好比一個小孩，只要安安靜靜地待著，也能出席大人的聚會，他們會忘記你也在場；不過如果吵吵鬧鬧被發現了，就會被帶回床上睡覺。公司的菜鳥就像小孩一樣，可以在公司到處走動、偷偷學習，但可別搞砸了，否則你就會像小孩一樣被送回床上。

我還是職場菜鳥時，我發現會議之後資深員工們總是不走，他們會留下來閒聊一陣，而菜鳥們都匆匆離場，讓這些大人們自己聊聊天。我覺得如果我留下來，把桌子擦乾淨、菸灰缸倒一倒（那時候真好），待在一旁嘴巴閉上，應該就能偷聽到很多「消息」，偶爾甚至還能被問問意見：「理查，你也有參與新的帳務流程安排對嗎？你覺得如何？」那麼，這就是我發揮的時候了。

可惜的是，我搞砸了，一開始我結結巴巴、滿臉通紅，舌頭像打結一樣，什麼意見都說不出來。不過下次我把握機會，做對了。

自此之後，有段時間我經常被詢問意見，而我總是能回答得條理分明，展現出自信成熟的態度。奇怪的是，在那之後我的升遷速度突然快了很多。那時，我在一間作風非常傳統的英國公司工作，他們內部的升遷非常僵化，必須跟著每個設定好的步驟，才能逐步晉升，但我卻獲准破格升遷。我覺得之所以會如此，是因為我經常和公司的資深員工相處。

另外，有時你會發現老闆在午餐時間或社交場合獨自坐著，這時，大多數「員工」都會太緊張，無法走過去和老闆聊天，或固步自封地覺得自己的社交層級無法和老闆說話。不要錯過機會，就走過去閒聊一下吧！你一定會很訝異老闆們多感激有「員工」願意和他們說說話，因為他們也是人，也會覺得被孤立、感到孤單、被忽視、被遺忘。所以，他們會很樂意和你聊聊，只要你別趁機要求他們調薪、請假或休假。

我認為，和老闆們聊聊他們的經歷是很不錯的話題，例如：「所以帕特爾小姐您是怎麼踏進行銷這行的呢？」因為這個問題，可以幫助你得到有用的線索和祕訣，進而準備進行下一條法則：讓別人覺得你已準備好邁出下一步了。

法則 77

讓別人知道你「準備好了」

像個大人一樣，表現出認真、穩重、成熟的一面。

行事作風像個總經理，別人就會接受你就是總經理；行事作風像個菜鳥，別人就會覺得你就是一個菜鳥。那麼，要如何讓其他人對我們產生我們想要的人設呢？

- 發言要有自信、堅定、成熟，例如：「沒錯，我們做得到！我保證我們會馬上開始著手這件事。」
- 相較於穿球鞋、運動服來上班，當你改穿俐落西裝，整個人看起來更體面時，別人對你的尊重程度肯定有所不同。
- 別說「我」，別把每個問題都轉到這件事將如何影響「你」，例如：「我不能整個午休都在工作，我有權利休息。」換個說法，改說「我們」，並從公司的角度來看事情，對整體組織來說什麼是最好的，例如：「我們要團結在一起，我很高興能利用午休時間幫助我們自己解決問題。」

- 如果你的話題只是昨晚看的電視節目、去哪裡度假、週末要做什麼，你給別人的印象就僅止於此——那個菜鳥。與此相對，如果你經常談論公司議題、部門有什麼未來規劃、利率變動會如何影響接下來幾個月的生意、你將如何因應利率變動等，就會改變你在別人心中的印象。

總而言之，你要做的事就是讓別人認為你是個舉足輕重的人，而不是無關緊要的人。像個大人一樣，表現出認真、穩重、成熟的一面，不要表現得像個阿宅、怪人，或是封閉、偽善、討人厭的人。話雖如此，你還是可以適時地開開玩笑、開懷大笑、微笑、保持幽默、展現輕鬆的一面，成為有趣又充滿活力的人。

除了展現出成熟、風趣的形象之外，還要讓別人覺得你：

- 充分掌握工作內容。
- 經驗豐富。
- 做事認真。

・可靠負責。
・值得信賴。
・正在做自己想要的工作。

所以，不妨在公司裡到處走走，但記得要表現出溫和、穩重、高格調的成熟樣貌，同時，適時表達自己的意見，並確保你得到想要的工作之後就能立刻上手。

法則78

未雨綢繆

一旦人們習慣你的人設是心懷壯志的人，那麼，你就是那樣的人。

不好意思，還不可以放鬆，因為現在你是法則實踐者了，所以一定要堅持下去——沒有休假、不能停下來、不能休息、不能放空翹腳喝咖啡，繼續回到工作崗位，完成你的下一步和下一個工作。很好、很棒！但在那之後呢？下一步是什麼？下一個目標是什麼？

事實上，甚至在你下次升遷之前，就應該為下一步做好準備。如果你現在不做好準備，那你打算什麼時候準備好？因為只要你夠認真，就有機會跳一階，甚至連跳好幾階。當然，我不是說你要以此為目標，而是必須做好準備以防萬一。

當然，你有你的長期和短期的目標計畫，也當然會規劃好自己的職涯步調，知道你展開偉大旅程所需的每一步。不過此刻為下一步做好準備、付諸行動，說起話來彷彿你已是主管，並不會妨礙你開始為之後做打算。

讓別人認為你就是當主管的料可不是件壞事。一旦人們習慣你的人設是心懷壯志的人，你就是那樣的人。與此相對，如果你不重視穿著、老是講些瑣事，總是庸庸碌碌，表現得像是社畜，久而久之你自己也會默認這樣的自己，然後，你就會永遠留在原地。

環顧辦公室，你可以找到誰是社畜和碌碌無為的人嗎？誰是工蟻？誰又是埋頭苦幹、辛勤工作的人？現在，再次環顧四周，找出那些看起來會展翅高飛、舉足輕重、精明能幹、活力充沛的人，你可以看出這兩種人的差別嗎？你可以看出你要做什麼事嗎？你可以看出如何扮演這個角色，好讓你能成為下個角色嗎？你可以嗎？可以嗎？

不論你正在準備哪一步，請確保你現在正在做的每件事情，都是發自內心、真誠、值得一做的事。

我曾和一位心懷壯志的年輕人一起工作，當時他正在為自己的下一步做準備。當其他同事都不帶公事包上班時，他開始帶公事包，但實際上我們沒人需要公事包。問題是有一天，這位年輕人的公事包突然掉到地板上，全世界都看到裡面只有三明治、報紙和一串鑰匙。他覺得很丟臉，其他人則感到尷尬無比，所有人都很不知所措。所以，如果你想帶公事包，好讓自己「看起來」像是高階主管，請先確保公事包裡裝的是真正重要的東西，否則類似的事情也可能發生在你自己身上。

Chapter 8

培養外交官般的交際手腕

Cultivate Diplomacy

懂得充分掌握法則精髓的法則實踐者，之所以能在公司組織內快速晉升，是因為他們個個都是外交官——他們不會開戰，而是會平息戰爭；他們不會作壁上觀，而是會解決爭端；他們會散發出平靜的氛圍，讓別人願意向他們尋求建議與好主意。

你也會是一位好的外交官，因為你在任何時候都能客觀評估、不帶偏見、處事公正，並因此為人所知。

法則79

藉由提問化解紛爭

問題往往能讓人轉移注意力，從爭吵點轉而注意小細節。

你正在一場會議中，事情快要一發不可收拾；主席的處理方式不太好，諾亞和艾歷克斯簡直要衝向對方來場廝殺。這時你該做什麼？問問題。平息危險狀況最簡單的方法，就是讓爭吵的主角轉移目標到細節上。你不需要打斷他們的爭執，這可不是你的事，但你可以像個外交官一樣從中斡旋，這會讓你受到矚目並贏得同事的尊重。

例如，你可問諾亞：「諾亞，為什麼你這麼確定你的部門會覺得推行新發票不可行？」如果艾歷克斯仍執意爭吵，你可以這麼說：「艾歷克斯先等一下，我真的想聽聽看諾亞要說什麼。」藉由提問，你讓情勢變得明朗；你沒有選邊站，但確實緩和了情勢。待聽完諾亞說了什麼之後，你可以再轉向艾歷克斯問：「你堅持諾亞是錯的，可以跟我說為什麼嗎？」

藉由提問，不僅和緩了劍拔弩張的氣氛，同時也「接手」了主席的角色，成為議程的主導、掌控全場，這是一個聰明又能展現手腕的絕佳方式。

然而，提問也有提問的技巧，就是**問一個簡單的問題就好**，不要陷入：「為什麼你會這樣覺得？」、「你可以和我們說說你生氣的原因嗎？」等這種類似心理治療的開放式問題。

與此相對，問一些能讓他們專注於需要詳細解釋的問題，這樣一來，就能轉移他們和爭吵者之間的不同觀點，轉而思考你所問的問題，吵架的氣氛自然就會降下來了，你也可以藉此證明自己有能力處理爭吵的危機。

不過，當發現爭吵的任何一方開始臉色發白，就請不要這麼做，因為臉色發白表示他們可能會揍人，而臉色漲紅則只是情緒激動而已。

另外，如果主席已經有效地掌控這個情勢時，也請不要這麼做。不過顯然，如果會議中有人開始爭吵，就表示主席並沒有有效控制局面。然而，如果主席已經正在試圖努力控制情勢，你突然提問的打斷，也會造成主席的反感。當然，如果是你本人捲入這場爭吵中，也請不要這麼做。

提問往往能讓人轉移注意力，從爭吵點轉而注意小細節。基本上，除非他們真得非常非常生氣才會沒有禮貌地忽略你的提問，否則多少都會試圖回答你突如其來的問題。

法則80

千萬不要選邊站

不論發生什麼事都要保持中立；如果沒有這麼做，往往到最後雙方都會指責你，搞得你兩面不是人。

一旦選邊站，就會成為爭吵、鬥爭、糾紛、分歧的一分子，所以你必須是徹底客觀與堅定的中立者。不論發生什麼事情都要保持中立，如果沒有這麼做，往往到最後雙方都會指責你，搞得你兩面不是人。不管討論的內容是什麼，你只要這麼做：

- 以長遠的角度看待事情。
- 以公司的角度看待事情。
- 保持公正。
- 保持冷靜。

• 當好外交官的角色，從中斡旋就好。
• 不選邊站。
• 保持中立。

你表現得越公正，就會給人越老練的印象。反之，如果堅持要選邊站，不僅會有樹敵的風險，也會顯得你很魯莽。

還有另一種不好處理的情境，是一位朋友和另一個沒那麼熟的同事發生爭執。這時你的朋友會如常地轉向你，試著拉攏你：「噢，老天爺啊，告訴她我才是對的，我是對的吧？理查？」可千萬不能被扯進去，你要舉起手來防禦性地說：「別把我扯進來，如果你們不能理智地解決這個問題，還是要吵的話，我就把你們送回各自的辦公室裡。」總的來說，面對這種情況時，你要這麼做：

• 開個玩笑緩和緊張氣氛。
• 表現得比他們成熟穩重。
• 保持中立。
• 千萬不要選邊站。

法則81

知道什麼時候該閉上嘴

發表意見的真正理由，是因為有人詢問你的意見。

只要是人，都會有意見。有意見很正常，關鍵是我們得知道自己什麼時候可以發表意見、什麼時候該閉上嘴。之所以多數人不知道什麼時候該閉嘴的原因，是他們覺得自己的意見：

- 有分量、有影響力、很重要、有人會聽。
- 讓他們看起來很聰明、睿智、有條理。
- 能為他們贏來掌聲、喜愛、關注。

然而，以上這些都不是發表意見的好理由，**唯一可以發表意見的真正理由，是因**

為有人詢問你的意見。如果有人詢問你的意見，那就說說你的想法；如果沒有被問到，那就閉上嘴。

另外，你所發表的意見必須是個人原創，並只說出真正有意義的重要內容，不要在一旁滔滔不絕、講個沒完沒了，恣意的大肆抒發個人己見，當成是個人政見發表會。所以，關於發表意見，你要：

- 隨時準備好，一旦被問到時就能立刻說出。
- 學著聰明、謹慎、精確地發表意見。
- 一定要讓你的意見聽起來不只是意見，而是能被採用的實際方案。

那麼，該如何讓你的意見聽起來不只是意見，更像是能被採納的事實呢？方法就是：說得像個事實。不要說「我認為我們應該」，而是說「我們應該」；不要說「我覺得是ZX300是一台好機器」，而是說「ZX300是台好機器」。

所以請避開以下這些說法：「我認為……」、「我覺得……」、「我的意見是……」。

法則82

當個和事佬

無論你打算怎麼做，總之千萬不要批評他們處理事情的方式。

「有人被惹惱」——發生爭執、氣氛很僵，但只要你沒有牽涉其中，就與你無關，不用太擔心。不過你還是可以做點什麼，來平息眾人的不滿情緒。

- 幫每個人泡杯茶。
- 滿足一些人的自尊心。
- 解除誤會。
- 打開窗戶，讓大家透透氣。
- 讓他們握個手或碰個臉，以示和好。

如果這狀況是因為老闆責罵了菜鳥員工，那你一定要去安撫鼓勵這位菜鳥，幫助他振作起來。但面對老闆，處理方式就不同了，最好的方法就是靜默但不以為然的進行和解行動：給他一杯茶，不要多說什麼。這個行動能表達出你對老闆責罵的行為不以為然，你不怕他，更沒有被他的怒火嚇到，更隱含了「我比菜鳥資深很多，絕對不會犯下這種錯誤」的言下之意，但還是要保持沉默。

如果你處理得宜，老闆就不得不問問你對他暴怒、責罵、處分某人的方式有什麼看法。這時只要說：「這不是我該說的吧？」一樣地，通常他會說：「我會重視你的意見」或「不，我想知道你的想法」或「沒關係，說說看你的看法」。不管老闆回什麼，你都達到目的了。

現在你就是和事佬、現在你就是外交官，現在，你必須扭轉局面，只要說：「你處理得很好，崔西已經自亂陣腳了，她需要有人指點。」無論你打算做什麼，千萬不要批評他處理事情的方式。只要讓他知道你不贊同，但是絕對、千萬不要在現實生活中承認這點。

切記，你的工作不是掀起波瀾，而是乘勢而上。透過當和事佬能幫助你攀上顛峰，讓你可以交到朋友、拉攏各方勢力，還能贏得尊重。

其實當和事佬就有點像是在平息孩子們之間的爭吵。你完全不想知道是誰先開戰，也不想知道他們在吵什麼；你不想知道是誰捏了誰、誰打了誰，你想要的只是恢復平和，讓他們握手言和，重新當回好朋友。

在工作上，這也是你想要的，所以拿出對付小孩的手段用在這裡吧！

法則83

永遠不要發脾氣

當你感到委屈時馬上說出來，就能立即化解。

我不在意行銷部的小莫有多煩人、研發部的羅莎開你玩笑時你有多生氣，或是會計部又出錯時你的血壓飆得有多高，無論在任何情況，你永遠都不能發脾氣，就是這樣！絕無例外、沒有破例，就是永遠不要發脾氣。

當然，除非發脾氣是為了製造某種效果，你可以發一下脾氣，但必須非常小心地選擇對的時機、對的機會和對的接收對象。然而，如果不是為了演出效果，就絕對不要這麼做。我不在乎他們讓你多生氣，或是他們多煩人，或你覺得自己多有理，發脾氣就表示你失控了，但法則實踐者的特質之一就是自制。

那麼你要如何以靜制動呢？要如何冷靜下來、舉止得宜？簡單，睜開眼看看天上吧！才不是！我開玩笑的。說真的，你只有在被牽扯進去、你在意、你是這個問題的一部分時才會發脾氣，一旦把注意力轉向更高層級的問題（這些人都是公司的資深員工啊！），你就能用全新的眼光來看待那些惱人的事情。

另一個方法，就是離開辦公室或會議室，總之就是離開現場。只要說：「我無法忍受這個情況。」然後離開，雖然現場會震驚一片，但往往都十分有效。或者，在你冷靜的時候默數十秒。

然而，**不發脾氣不表示不能表達意見**，你絕對可以這麼說：「我發現你吃光所有巧克力餅乾／弄丟發票／惹惱另一個大客戶／停了執行董事的車位／偷零用金，實在非常討厭。」——任何你不開心的事都可以說。

你絕對可以拒絕屈服於情緒勒索、霸凌、剛愎自用的行為或各種抱怨。當你感到委屈時馬上說出來，就能立即化解這種情況。不要讓這種事情積沙成塔，否則最後你肯定會大爆炸。一件一件慢慢說出來，就不會累積成無可挽救的局面。

法則84

不要做人身攻擊

一旦做人身攻擊，最壞的情況是你會被解僱，最好的情況也會失去朋友和他們對你的尊重。

對部門來說，錯誤的、惱人的、有損門面的是他們的「行為」，而不是他們「本人」。工作上一切的問題，永遠不會是同事「這個人」困擾你，對部門來說也是。我們之所以會有這種「對人不對事」的「新時代」觀點，或許和美式育兒觀念的滲透有關，他們會說：「她不是個壞女孩，她是個好女孩，只是做了不恰當的事。」或者說：「他是個好男孩，做了壞事而已。」

這樣的評價方式都是先預設了立場。記得很多錯誤的情況都是關乎「行為」而無關「個人」，所以我們永遠都要「對事不對人」，你永遠不該做出人身攻擊。

你唯一可以評價的，只有他們的：

- 工作方式、工作效率、時間管理、做事態度、專注能力和工作動機。
- 溝通技巧和社交技巧。
- 長期目標。
- 對於工作流程的了解。
- 對公司政策的理解。

切記，你絕對不能說他們懶惰、無知、一無是處、說謊、偷竊、辱罵他們是笨蛋；噢，不，絕不要這麼做。他們或許需要再訓練、重新定位、再教育、重新指導、再次激勵，不過，絕對不要說出你內心對他們最最真實的看法。一旦做人身攻擊，最壞的情況就是你會被解僱，最好的情況也會讓你失去朋友和他們對你的尊重。

面對老闆時也一樣。你可能知道他們很無用、沒有資格、又爛又笨，但你可以說出口嗎？不行，即使同事之間也不能說。記得我們說過要挺新進員工、不被看好的人或任何飽受批評的人嗎？沒錯，面對老闆時也一樣。無論如何，你一定會支持老闆、你不會對他人身攻擊，不會和其他人站在一起，也不會和另外一邊的人站在一起。

法則85 如何處理別人的憤怒？

看在上帝的份上，拜託千萬不要笑。

總會有些時候，你是真的把別人惹毛了。事實上，作為法則實踐者，即使其他人不知道你在做什麼，有時候還是會招惹到其他人。畢竟沒有人喜歡自作聰明的人，雖然這樣一開始能讓你在群眾中脫穎而出，看起來很不錯、很酷，但崇拜你的人終究會離去，甚至會想要找機會抓住你的把柄、大肆批評你。那麼該如何平息這種怒氣呢？首先，必須先瞭解怒氣分為兩種：「合理性發怒」和「策略性發怒」。

合理性發怒就是「合理」。例如，由於你的不小心，車子輾過了別人的腳，他們會不會生氣？當然會生氣。這時你該怎麼辦？你會下車然後道歉，誠心誠意地說你很抱歉。所以，面對「合理性發怒」時千萬不要否認自己的錯處、不要跟他們說這沒什麼、不要小題大做、別說上次你整條腿被扯掉都沒事之類的話。另外，也不要哭，不要試著解釋為什麼你沒有看路，不要試著粉飾太平，說出：「我還以為被頂規的豪華超跑輾過腳你會很開心呢！」看在上帝的份上，拜託千萬不要笑。

總之，**處理合理性發怒的重點，就是給對方一個結論**。如果你做錯事，傾聽很重要；他們正生氣，而且還是你造成的，所以聽聽你做錯什麼，然後道歉，並找出改進的方法。另外，向對方表示你的同理，雖然你不能給出他們想要的，但可以讓他們知道你重視他們的感受；不要忽視他們的感受，因為他們的生氣合情合理。

不過，策略性發怒就是另一回事了。策略性發怒是用來幫助你避開你不想做的事情。人們會藉由發脾氣來威嚇你，最糟糕的情況就是如果你不做點什麼，他們就會逍遙法外，且之後依然故我，對你或對其他人做一樣的事。所以，你必須一招制敵，而要做到這一點，只需要簡單地說：「我不喜歡咆哮／威脅／威嚇／霸凌別人，如果你不停止／冷靜／收起拳頭／把手從我的脖子上拿開，我就要離開這裡。」諸如此類。

如果他們還是不停止，就馬上離開現場，就這樣，什麼都不要多說，離開那個房間。多做幾次，他們就知道你的意思了。

法則 86

堅守立場

堅守立場就是堅定自信。

沒有人可以欺負你、威脅你、對你咆哮、打你、威嚇你、讓你害怕、嘲笑你、欺騙你或以任何方式折磨你。你只是一個員工，如果你沒有把工作做好，你應該被帶到一旁，被冷靜理性地指出你的錯誤，至於其他的方式則都是虐待，而你完全可以拒絕虐待。你可以冷靜且理性地告訴他們，請他們立刻停止；你有權以法律的重量遏止他們，你必須知道什麼時候該堅守立場。

當然，如果他們只是稍微拿你說笑（就和其他人一樣），那你就不能走出去聲稱解僱不公平；如果老闆偶爾罵了你（就像他對所有員工一樣），你也不能要求歐洲人權法院（European Court of Human Rights）把他們吊起來，即使他們已全然脫序；如果有同事說你再碰他的打洞機，他就打你一巴掌，你也不能期望英國上議院（House of Lords）受理你的案子。在此所說的是真正的虐待，可不是那種喧鬧繁忙工作日常中的辦公室鬥爭。

面對真正的虐待，有一種解決方法是提出開放性問題，避免他們試圖使出陰險或慣用的手法。一旦你在大家面前這麼做，便能引起其他人的注意，讓他們覺得很不自在，他們就會知道必須三思是否依然要這麼對你。所以，在會議上你可以有禮貌地問：「為什麼上週會議時你沒告訴我這件事？這顯然對我來說是很有用的訊息。」之後保持沉默，如此一來他們就有責任為自己解釋。或者說：「你說出不雅的話時，我覺得受辱了，為什麼你要這麼說呢？」應該就能阻止他們討厭的行徑。

堅守立場就是有原則、劃清界線，說：「我可以忍受這些，而不是那些。」或「我可以讓他們對我做這些事，而不是那些。」堅守立場就是堅定自信、堅定自信就是表明自己的底線：「我不喜歡被鎖在黑暗的櫥櫃裡，我想我必須把這件事回報給我的工會代表／主管／警察／健康安全委員會／母親。」

或者在心中默念「我不喜歡被這樣對待。我不喜歡被這樣對待。我不喜歡被這樣對待」就好，不要發脾氣，否則他們會覺得「贏了」。面對這種人，走開就好。

法則 87

客觀看待情勢

在你做出反應之前，想一想你的長期目標計畫。

如果你覺得工作時被針對、受辱或備受折磨，你有這些選擇：

- 辭職走人。
- 向上級報告。
- 發怒、生氣。
- 什麼都不說。
- 果斷地自信面對。

你要如何處理棘手情勢全在於你，但在你做出反應之前，想一想你的長期目標計畫。在你的職涯履歷上出現「不當解僱」或「建設性解僱」（constructive dismissal）[10]，看起來會怎樣？我不是說為了往上爬，就應該忍受任何種類的欺壓，不，我完全不是這個意思。我的意思是你應該「客觀看待情勢」。

我曾被某位主管戲弄過，而且都是很低級的揶揄嘲笑，這個人的心裡已經把我當成他的寵物玩具球，想把我踢去哪就踢去哪，而說也奇怪，這件事情往往發生在喝了酒的午餐時間之後。

我當時資歷很淺，選擇不多，只有「離職不幹」或「找他的上級投訴」。但是他的上級是他的好朋友，如果我投訴他，我猜想我應該很快就會被迫離職。我需要這份工作，並不想離職，所以，我使了一點小手段，想辦法讓他在重要客戶面前，對我更壞、使出更糟糕的揶揄嘲笑、言語霸凌等。

我的上司不知道這件事，而客人聽到之後感到非常惱火，他非常明確妥善地「處理」了這位主管，說他應該要為自己如此對待資淺員工感到羞恥。狠狠地教訓他一頓之後，客人告訴我如果以後又發生這種事就告訴他；如果這種情形持續發生，他就會把生意轉到其他公司，而這位客人的生意就占了我們公司七十％的營業額。

最後，上司在客人面前向我道歉。之後，就客觀來看，我覺得我沒有再被那樣對待了。然後我等待著，看著那個曾經欺負我的人再次把事情搞砸，最終被解僱。我帶著愉快的笑容和他揮手道別，還眨了眨眼。

10 譯者注：員工受迫於雇主或因雇主之故自願離職，員工可以提出申訴。

Chapter 9

了解組織內的制度，好好利用

Know The System – And Milk It

如果想要往上爬，最好先徹底了解那條「繩索」的各種面向。

本章的法則會教你如何了解組織的制度體系，以及如何充分利用它來發揮你的價值，讓你即便不是在管理階層，也會讓你看起來更像是管理階層，因為你比他們更熟知體系。

法則88 巧用辦公室的潛規則

知道這些潛規則，就可以智取任何人。

無論是哪裡，只要是工作場合都會有一大堆不成文的潛規則，這些潛規則可能簡單到只是誰「獲准」使用哪台電梯／餐廳／洗手間／走道／戶外吸煙區，也可能複雜到是誰能掌管零用金／影印機／文具櫃／假日輪值表。

我經常遇見一些很奇怪的人，他們總是做著別人沒有分派給他們的工作。我過去待過的一間公司，那裡的假日輪值表是由一位瑞士譯者掌管——天哪，這是為什麼？你想休假必須經過她的允許，由她紀錄、由她批准，但為什麼是她？每當我問起，他們總是說從以前到現在就是這樣，由譯者們負責安排休假的工作。這樣的工作分配很奇怪、很笨、也很離譜，照理說這件事應該是由我的上司負責，但我猜她也很開心譯者們把這個工作「重擔」從她肩膀上卸下，有夠奇怪。

如果你已經工作一段時間，現在你應該知道所有潛規則了；如果才剛到職，這些潛規則就是你要想辦法找出來的。好的，所以現在你已經知道這些潛規則了，那麼，它們對你來說有什麼用處？簡單，就像以前的工會，依照管理層從未真正了解、知道的隱晦規則行事。知道這些潛規則，就可以智取任何人。

以前我待過某間公司，那裡的不成文規定就是：大多數菜鳥員工早上都要幫資深主管端咖啡，還必須等上司喝完咖啡之後才能離開。菜鳥員工其實「沒必要」這麼做，那只是別人對他的期待。我曾是那個菜鳥員工，每天都有這個不成文的五分鐘，不過，我卻因此得到大老闆的全心關注，我說的話他全都聽得進去，我得以親近了「上帝」。你可能猜到了，我充分利用了這段時間。

我讓部門負責人移調到另一個部門了。他很不受歡迎，不過我只是向大老闆說這個部門主管有些從未顯露的能力，而這些正是新部門非常受用的能力，他就被調走了。

法則 89

知道該如何稱呼大家

「叫我卡特勒先生。」不行，彼得。

沒錯，你當然應該知道如何稱呼大家，但這不代表你就要這樣稱呼他們。

我敢說，卡特勒（Cutler）先生現在已經忘了我，多年前我曾是他的助理。當時，他換公司時打電話給我，問我要不要和他一起去新公司，說薪水和福利會比現在的好，於是我答應了。

我和他到新公司的第一天，他和我說：「叫我卡特勒先生。」不行，彼得。在以前的公司我叫他彼得，之後也要繼續這樣叫他。其實不只有我被這樣要求，幾位新公司的新助理，也被他們的新主管、這位「卡特勒先生」要求，稱呼他卡特勒先生。我沒有遵照彼得·卡特勒先生的要求，並且一直等到全部的助理聚在一起時，稱呼他為

「彼得」。他一下子無法在那麼多同事面前糾正我，而正因如此，其他同事可能會想：「我可以私下接近主管，他們卻不行。」對我來說，我絕對不會稱呼彼得叫什麼「卡特勒先生」，因為我是「資深」助理，所以可以直接稱呼他彼得。你如何稱呼你的主管？這當中的學問可多了！

現在並沒有太多工作場合會使用如此正式的稱呼，至少在英國是如此，不過還是有少數工作場合會這麼稱呼。然而，即使公司裡的每個人直呼其名，稱呼「伊莉莎白」與「伊莉」之間仍有社交上的巨大差異，或許，還有少數人甚至可以稱呼她為「小伊」。你必須知道如何稱呼大家，甚至還要思考，被列入可稱呼她為小伊的人，這是否為好主意，以及和你一樣可以這樣稱呼的人有誰？你想被視為同一個小圈圈的一員嗎？

雖然和資深前輩有一些私交，能讓你在同輩之間高人一點，但這也會讓你被視為幹部的一員。這件事情有好有壞，你必須自行判斷。對資淺的人用特殊稱呼，會讓你看起來就像是幫派分子，但別忘了，你的願望就是不久之後地位要高於這些人。

一般來說，**稱呼越不正式，就越容易被認為你和這個人關係親近，同時你的身分地位也和這個人越相近。**

我曾和一位行政經理共事，因為某些奇怪的原因，他被稱為「圓桶頭」——這個理由的故事很長，你不會想知道（真的，相信我你不會想知道）。所有資深員工，包括財務經理我本人，以及董事會和大多數的秘書，都可以當面稱呼他為「圓桶頭」，但一般其他人只能稱呼他為強納森（Jonathan），不能叫他圓桶頭。我曾看他兇過一個新進員工，罵他做錯事還叫他圓桶頭。

我從來沒叫他圓桶頭，對我來說他就是強納森，為什麼？因為這可以區別出我們的不同，也讓我和其他資深經理的地位區分開來。

法則 90

漫無目的的加班沒有意義

害怕錯過的恐懼感很真實。

職場上有一條潛規則是，如果你想往上爬，就必須留晚一點，因為其他人也很晚走。喜歡模仿別人的同事會留晚一點、工作很混的人也會留晚一點、努力工作的人也會留晚一點，但是法則實踐者想回家時就回家，而且絕對比別人早下班。早上到辦公室的時間也一樣。誰說你必須早到？沒有人這麼說。這就是我們必須知道的其中一條潛規則：我們可以依照自己的需求調整上下班時間。

練習這條法則的目的，事實上，是為了讓我們看起來和其他人一樣認真工作，但法則的目標是要避免被視為循規蹈矩或是偷吃摸魚的人，所以你不需要和別人一樣，因為你比其他人優秀很多，只要在期限內完成工作，就不需留下來加班。

有沒有發現，每次勵志類演說家在詢問觀眾問題時，自己都會先舉起手吧？他這麼做的目的是在引導觀眾，因為這個空間裡已經有人舉起手了，所以你也會不自覺想跟著舉手，很好笑對吧？

回到辦公室中，只要員工之中有人在合理的時間內離開，其他人也會跟著離開，反之，只要有同事留下來其他人就會跟著留下來，這種狀況就是「出勤主義」（presenteeism）——現代辦公室生活的禍根。我們會覺得每個人都在看著我們，就像我們也看著他們一樣，看看誰會先去休息、下班、惹老闆生氣。但是，這就只是個迷思。**最先下班的人不會錯過任何事，他們會解放剩下的人**。所以現在就下班吧！放大家自由，拜託。

害怕錯過的恐懼感很真實，但如果我們每天過著令人期待、有趣的生活，知道我們自己就是宇宙的中心，那麼，就會明白實際上真正錯過一切的，是那些總是留下來的人。

人們覺得提早下班，或者說其實是準時下班，也就是契約上寫的下班時間，會引起不必要的注意，讓我們看起來像偷懶、翹班的人。事實上，只要我們自信誠實地行動，就不會產生這種負面印象。與此相對，偷偷溜走、從後門跑掉、夾著尾巴趁天黑前悄悄離開，才會讓別人產生不好的觀感。所以勇敢地揮揮手，和他們說：「最後離開的人記得關燈。」

雖然無法明確肯定擅長工作的人是否能和你一樣，能準時完成工作，畢竟「能力」和「速度」之間的正相關仍有待商榷，不過關於這條法則，還是值得你思考看看。

法則 91

了解「偷竊」與「福利」的差別

當你想要填滿自己的口袋時，要確定這麼做真的值得嗎？

辦公室內的什麼東西是你可以拿回家的？筆？迴紋針？釘書機？什麼時候算是福利，什麼時候算是偷竊？你應該了解這件事，因為如果你想抓住某人的小辮子，好比某個老是覺得把東西拿回家也沒什麼的人，這件事就能派上用場。看看他們都拿了什麼，在心裡記下來，可能到時候就可以派上用場。至於你，當然不會把任何辦公室用品帶回家。

我曾聽說過有整個部門被解散，原因是新任執行董事發現這群人長期以來都在「偷竊」：他們把公司的物品帶回家，而當公司要求歸還之後，這些物品都損壞了無法轉售。這樣算偷竊嗎？不重要，反正他們全都被解僱了。當時，如果他們其中一個人知道不要這麼做，他們都不會有事；如果他們之中有一個知道新任執行董事對於福利的定義和他們所想的不一樣，他們也不會有事。

當你想要填滿自己的口袋時，要確定這麼做真的值得嗎？這些筆真的那麼誘人嗎？你可以藉由出售這些廉價的原子筆來養活家庭，直到你找到下一份新工作嗎？

讀到這裡，相信各位已經了解什麼是辦公室的潛規則了。或許，帶點辦公室用品回家，確實是你的福利之一。然而，如果你選擇不要這樣的「福利」，也要確保自己不會被貼上「老師的乖寶寶」或「裝乖」或任何讓你成為別人眼中釘的標籤。換言之，即使你什麼都沒拿，也要成為會拿的那群人之一，不過，要讓你的主管知道你沒這麼做，至於其他人則會覺得你和他們一樣。

另外，小心那些公司出錢的免付費電話，這可算不上什麼能帶走的福利，在不被允許的時間內使用公司電話是偷竊。一般來說，使用這些免付費電話都會受到嚴密的監控，所以千萬不要這麼做。

虛報公帳可能是辦公室文化的一部分。如果你選擇不做這件事情，就可以利用這樣的事情去告發其他人。所以你會怎麼做？你必須誠實、光明正大，同時又不能背叛同事。這麼做好像是兩害相權取其輕，但你現在可是法則實踐者，絕不能寬恕這種行為，所以最好直接和同事說，他們可以做他們想做的事，但你不會參與這種不法行為。如果他們堅持這麼做，提前警告他們，這樣你也不算是睜一隻眼閉一隻眼，放任他們不管。

法則92

找出握有實權的重要之人

哈利為什麼重要？因為他是區域總監的公公。

只要是人都會犯錯，我也不例外。其實我也犯過不少錯誤，其中有一次犯的錯誤非常嚴重，令我印象深刻。

當時在那間公司，我們有專僱一位維修人員哈利（Harry），每天下班時員工都會在維修記錄中寫下待修繕事項，例如：換燈泡、清潔堵塞的廁所、修理壞掉的椅子等，好讓哈利知道有哪些東西需要修繕。我們公司有兩間辦公室，我曾經很生氣哈利似乎花在另一間辦公室的時間比我們這間的多，我總是都找不到哈利幫忙。

我在修繕記錄上的要求越寫越簡單、用字越來越不客氣，但似乎起不了任何作用，那時氣到心想：「如果我能找到他，我一定會親自揍他一頓。」哈利通常都在我們回家之後，晚上才會來我們辦公室把維修事項完成，總是另一間辦公室的維修事項都做好了，我們這間卻什麼都沒做。我再也無法忍受，決定某一晚留下來等哈利。

哈利沒有出現，所以我去了另一間辦公室。發現哈利就在那邊，和大老闆喝著咖啡，也就是我的區域總監。我氣得要命，對著他大喊：「你到底在做什麼？我要你去另一間辦公室維修，不是坐在這裡喝咖啡！」

此舉大錯特錯，而且有好幾個重大錯誤：

- 不能因為別人正在享受合理的「小憩時光」品飲咖啡，就大聲怒斥他們。
- 無論這個人是誰，只要他受區域總監之邀享用咖啡，就不能對他大聲怒斥。
- 不該在沒有搞清楚狀況的情形下，就在區域總監面前大聲怒斥他人。
- 做事必須合乎正當程序，尋求適當的管道溝通、解決問題，而不是用「堵人」的方式。
- 你必須找出握有實權的重要之人；在這件事上，哈利就是那個人。

哈利為什麼重要？因為他是區域總監的公公，他有權有勢有影響力，在他身上有所有我夢寐以求的東西。哈利之所以總是在另一間辦公室工作，是因為他的媳婦（也就是區域總監）要他這麼做。就像我說的，我犯了大錯。

在我待過的公司中，握有實權的人有收銀員、執行總監的司機、會計和餐廳主廚。一如往常地，總是需要一些時間才有辦法找出這些人；他們都握有那張王牌，要不就是可以接觸資深主管，要不就是有親戚關係而握有掌控權。

找出他們，去認識他們吧！

法則 93

和重要的人站在同一陣線

這些人握有的權力與他們的工作內容或職位，往往並不相稱。

那麼，你覺得在我對哈利大發雷霆之後，我和他的相處情況變得如何？之前就已經不太好了，事情發生之後更是雪上加霜：糟透了。你覺得我座位的燈泡還換得了嗎？當然不行，現在不行，以後也不行。顯然找出重要的人，並和他們站在同一陣線，兩者息息相關。

我曾和一位審計員共事，他是那種無論什麼事情都必須照規矩來的人，且每一個小細節都不放過，但有時會走火入魔，甚至有可能讓殘酷的匈奴單于阿提拉（Attila the Hun）看起來都像個慈善家。但這個人就是重要的人，不僅因為他是審計員，而是他似乎有著超越會計師以外的權力，連資深管理層都必須對他鞠躬、聽從他、尋求他的建議、不敢踰矩、畏懼他，就像對待皇室般的對待他。

我從未深究為什麼他有這麼大的影響力，總之我不得不接受這件事情，同時一旦我找出了這個重要之人，就必須想辦法和他站在同一陣線。

不過我沒有走到那一步，因為作為財務經理，我的部門一直受到他持續且密切的審查。一直以來，我在工作上的每件事情都令他心煩，我們總是意見不一致：他是會計師而我是財務經理，這兩個工作權責內容有著巨大的差異——我的任務是安裝安全系統、改善現金流、削減支出、嚴控所有財務程序，而他的責任就是審查每一塊錢的去向。

某個星期六早晨，我帶著孩子們去舊物義賣會。當時是秋天，我覺得有點冷，所以在拍賣會上買了一條大學生圍巾。你知道的，就是那種條紋、深色、傳統的大學圍巾。星期一我戴著那條圍巾去上班，在走廊上遇到那位審計員，他說：「啊，我不知道你是曼徹斯特大學（Manchester University）的，不錯不錯。」然後他就走了。我不知道他在說什麼，直到我發現這條圍巾是曼徹斯特大學的圍巾，而那位審計員就是曼徹斯特大學的校友（不，我不是，我甚至沒上過大學）。從那刻開始，他把我當成自己人，一位密友、一位老同學。從此，我再也不會被糾正做錯事了。

那是個意外。自此之後我都會精心安排這種類似的「意外」，好讓我能和「重要的人」，也就是「那些不應該卻有真正影響力的人」站在同一陣線，因為他們所握有的權力往往與他們的工作內容或職位並不相稱。

你應該好好留心這群人，他們通常握有莫名其妙的權力，好比：司機、審計員、公關、人資、私人秘書、超級資深員工、外部顧問、契約工、收銀、前員工，當然還有維修人員。

法則94

與時俱進

當你談起這些管理技術時，盡量不要讓自己聽起來很老派過時。

你不能安於現狀，沉浸在過往榮耀，從此高枕無憂，每當你放任自己這麼做的同時，別人總會趁機先發制人。

你必須與時俱進，這表示你要跟上最新的管理技術、最新的行話、管理階層每月不同的行事作風。為了始終保持領先，你必須知道大家正在說什麼行話，例如，當所有人都改稱為「人力資源」時，你用「人事」是沒有好處的；當董事會正專注於客戶端的核心事業或其他事情時，若你還困在後勤工作中，就會顯得很笨。

我不是說你必須運用這些新技術，而是你最好都能了解它們以保持領先地位，因為或許你會被問到。因此，你可以在會議時玩「行話賓果」，每聽到一個全新、有趣的行話就得一分，得到十分就跳起來喊「賓果！」。我保證這樣的遊戲，能幫助你在會議上保持清醒。

你肯定聽過很多極其無用的「行話」表達方式，比如「藍天」（Blue Sky）到底是什麼意思呢？就像「我們要讓這個產品有一片藍天」，意思可能會是「一切皆有可能，發揮創意不設限」，也有可能是在「我們是一群想讓別人覺得我們很酷的行話家，但其實聽起來很蠢」。換言之，如果你想用行話，前提是你必須確實明白這些行話的意思，否則就會讓自己看起來很愚蠢。

另外，你當然也應該要知道所有最新的管理原則，還有它們可能對你產生什麼影響。當你談起這些管理技術時，盡量不要讓自己聽起來很老派過時。例如，在我的年代會說「後勤」，但現在會稱之為「供應鏈管理」，而你正在讀這段的同時，我相信還會有別的說法。

最後，你應該要知道這些行話的優點和缺點，以防它們忽然出現，而你又想讓自己看起來很懂卻不小心誤用了。我認為，應該要有一本「虛張聲勢」的管理用語指南，可惜沒有這種東西，所以你必須把這件事情納入你的計畫中以便看清大局。因為不管怎樣，終究會有全新的局勢出現，而你的核心業務的最佳實踐會是某種「連鎖反應」。換言之，如果不把知識牢牢存進腦袋、開始跳脫框架思考，很快就會被「淘汰出局」。持續吸收知識可以讓你和重要的人站在一起，如此一來，就不需要變動你的目標，或是強打硬仗、面對阻礙時付出更多努力。

所以，請挑戰極限，底線就是持續精進個人的知識與涵養。

法則95

讀懂每句話的言下之意

主管的意思是即將要進行員工評鑑，所以他需要底下的員工看起來更好。

當你的主管說她想改善客戶關係，建議員工應該去參加「如何微笑」的課程時，不要被耍了，這和如何對客人微笑一點關係都沒有。主管的言下之意是，他即將要被進行員工評鑑，所以他需要底下的員工看起來更好，表現得更積極、主動、有活力。所以，即便你們成群結隊地去上課、試著接受這一切、好好練習微笑，其實一點用處都沒有。你的主管根本不在乎你有沒有對客人微笑，他想要的就是有亮眼的員工評鑑成績。

在職場上，發生這種事情的次數遠比多數人想得還要多。有一次，我自願去上每週一的大學課程，是關於薪資單與複式記帳法的課。當時我的老闆因此覺得我很敏銳、主動積極又非常上進，但其實只因為我週一不想進辦公室，因為週一是公司歸檔作業的固定工作日——我超討厭這件事，去大學進修似乎是很好的逃脫理由。

對每個人、每件事的動機都存有疑惑，不代表你必須變得疑神疑鬼，沒有人要抓你，你要做的只是小心隱藏這背後的動機。這些事或許不會以任何形式影響到你，但發現它真正的目的，有時是一件很有趣的事情。

我曾經有一位主管，總是喜歡最後下班，我覺得他認真又勤勉。直到有一次他被以詐欺罪逮捕，我才恍然大悟，原來晚上留到最後才有機會竄改紀錄，可憐的我還欽佩他的工作熱忱。所以，在職場上記得保持疑問：

- 為什麼會發生這件事？
- 有什麼事情我遺漏了嗎？
- 誰能從中獲益？我能從中獲益嗎？如何從中獲益？
- 接下來還會發生什麼？

不過就像我說的，**不用疑神疑鬼，掌握事實就好**。

法則96

理解「偏袒」這件事不可避免

你必須想辦法成為愛將，而不是想辦法迎合。

不可諱言，無論是老闆或主管，每個人都會有自己的愛將。我知道他們或我們都不該如此，但這是人類的天性，甚至有些父母也會有自己偏心的孩子，雖然大部分的家長絕不會承認。基本上，這條法則分為兩個部分：

- 如果老闆持續偏袒某人，且這個情形會一直存在，就要想辦法讓自己成為被偏袒的對象。
- 確保自己知道其他部門的愛將是誰。

假設你已經知道老闆有偏袒的對象，你可以選擇反抗這個體制，或試圖成為那個對象。如果你已經受到老闆賞識，拜託千萬不要在同事之間張揚，必須低調否認，保持謙卑不要承認，謙虛一點假裝沒這回事。

至於要如何成為老闆的愛將？取決於你的技術、氣質、個人魅力、天賦、專業能力、資歷、為人討喜、迷人、親和度，而絕不是靠著諂媚、討好、獻媚、拍馬屁、在老闆面前跟前跟後或阿諛奉承。也就是說，你必須想辦法成為愛將，而不是想辦法迎合，因為迎合只會被同事討厭。反之，如果你是靠實力，名副其實有資格成為老闆的左右手，因為你可靠、可信賴、有能力、老實，那麼你的同事也只能接受這件事。

至於如何找出其他部門的愛將，相對容易許多，因為他們的待遇應該和你一樣特殊，他們可以：

- 優先選擇假日輪值日。
- 被信賴，是老闆的知己。
- 受邀參與重大會議。
- 獲得頭銜很高的工作職位與福利。
- 總是能讓老闆主動和他聊天，而不是被老闆怒斥。

只要發現了這個人，就和他交個朋友吧！這樣你就能知道發生什麼事、成為圈內人、打聽到其他部門主管的事並成為菁英的一員。另一方面，如果你打從心底不喜歡偏袒這件事，那就什麼事情也別做。

法則97

充分理解並貫徹「使命宣言」

適時引用公司的使命宣言，能讓你感覺起來真的「與公司同在」，進而贏得讚許。

在往日的美好時光裡，公司的使命宣言可能會是：「努力賺大錢，股東別來煩。」不過，再也回不去了，現在的使命宣言複雜多了。如果想在工作上取得成就，就必須了解並充分理解公司的使命宣言，然後運用你的個人價值充分利用它。適時引用公司的使命宣言，能讓你感覺起來真的「與公司同在」，進而贏得讚許。然而，如果你的老闆並不支持這套使命宣言，或者認為這個東西只是垃圾、一點都不值得放在心上，那就絕對不要提起使命宣言。

想要理解公司的使命宣言，往往並不困難。例如：華特・迪士尼（Walt Disney）

旨為全球人類提供娛樂、資訊和啟發；美國沃爾瑪（Walmart）超市承諾給「一般大眾」擁有與富人同等資源的機會。但是，想要真正了解這些使命宣言，必須細讀那些附屬細則。舉例來說，迪士尼的承諾看似簡單，其實內容包羅萬象，因為他們也列出了企業價值，如：樂觀主義、莊重得宜、社群團體等等。換言之，如果你找不到能實際運用的點（假設你在迪士尼工作），你就不能稱自己為法則實踐者；另外，也請想像一下你可以從中獲得多少樂趣和成就。

想像一下，如果你在會議中引用這些宣言，就可以藉此行使多少權力。當有人提出你不喜歡的想法，你可以說「這不符合樂觀主義原則」，太聰明了！我們握有的武器就像會出現在西班牙宗教裁判所（Spanish Inquisition）的那種——藉由使命宣言，你可以舉一反三出各式各樣的武器。

許多成功企業過往的使命宣言都非常宏大，你可以充分利用它們的價值，例如：

- 福特汽車（一九〇〇年代初期）——福特汽車會讓汽車大眾化。
- 索尼（一九五〇年代初期）——成為扭轉世界對日本產品品質印象的企業。
- 波音飛機（一九五〇）——成為民航界的主導者，把世界領向飛機時代。
- 沃爾瑪超市（一九〇〇）——在二〇〇〇年成為資產一二五〇億美元的企業。

Chapter 10

戰勝競爭對手

Handle The Opposition

如果有一個升職機會，競爭對手有五位，你要如何找出他們是誰？你要如何顯得自己更具優勢？本章將告訴你如何找出競爭者，也就是你的競爭對手，同時也會教你如何不用冷酷或卑鄙等手段，就能成為老闆的愛將。

事實上，如果你好好實踐法則，就能讓主管主動推薦你，甚至希望你晉升的職位比他們更高。

法則98 找出競爭對手是誰

盡可能動用人脈和關係，找出競爭對手的類型。

升職的機會來了，你想要積極爭取、想要更進一步，這次升遷職位完全符合你的長期目標計畫，這是一個大好的機會和時間點。麻煩的是你可不是賽道上唯一的選手，還有其他人被考慮（當然也有排除的）在內。一般來說，任何職位都有兩種競爭對象，分別是「內部競爭者」和「外部競爭者」。

內部競爭者就是你現在的同事、其他部門的員工、其他分部的員工、其他背景的員工。如果是你現在的同事，就有機會充分了解誰想要參與這次的競爭、誰不感興趣；至於其他部門的員工是誰，則要靠你自己手上的資源，想辦法把這些人找出來，而你應該能從每個部門的愛將口中打聽到（法則九十六）；找出其他分部的員工就有點挑戰了，但你還是可以靠人脈打聽到這些資訊（法則五十三）。

至於，找出來自同個組織、不同背景的外部競爭者就真的是一大挑戰了，往往直到面試階段現身前，你都還不會知道他們是誰。

一九七〇年代初期我曾在美國運通（American Express）工作，當時有機會晉升為部門主管。我排除了所有潛在競爭者，包括我的同事和其他部門、分部的競爭者，我確信沒有任何人跟我競爭了。我覺得十拿九穩，非常有信心，沒想到，突然有一個不知道從哪裡冒出來的競爭者出現了。這個人來自完全獨立、互不干涉的部門；我是財務背景，而他是保全部門，保全耶！我問你，保全工作會知道什麼叫財務管理嗎？但高層顯然覺得他會非常了解，因為他獲得了這次晉升。我沒有機會阻攔，被殺個措手不及，我發誓，我再也不會讓這種事發生了。

總之，面對外部競爭者非常棘手，因為你毫無無頭緒，但你可以：

- 徵才廣告公布前先看一看，就能掌握條件要求。
- 動用人脈找出誰會是外部競爭者，並找出誰受邀面試，判斷競爭者類型。

知識就是力量；你可能會不喜歡找到的答案，但至少可以先了解競爭對手如何。

法則99

懂得放大自身優勢

誰是比較理想的候選者？這完全取決於管理部門在尋找的特質是什麼。

如果想要爭取升遷，卻同時還有競爭對手的時候，你就必須好好解讀、了解、完全掌握所需的晉升條件。你要為此特別設計一份履歷、申請文件、面試技巧，讓你可以完全符合該職缺理想人選的樣貌。另外，還必須研究其他競爭對手都在做什麼。

假設這個職位是電腦銷售部門的主管，需要以下這些徵才條件：

- 銷售經驗。
- 電腦相關經驗。
- 些許管理員工的經驗。

現在確認了競爭對手，假設有以下兩位：

- 羅文很了解產品實務面，管理經驗豐富，但對銷售一無所知。
- 裘德的銷售經驗豐富，管理能力也很卓越，但對產品一無所知。

誰是比較理想的候選者？全在於管理階層在尋找的特質是什麼，或者說，他們認為自己在尋找什麼。毫無疑問地，這個職缺包含三個工作層面：銷售、產品知識、管理責任，而在這三個之中你符合兩個條件，就和另外兩位候選者一樣。怎麼辦？找出哪個條件對管理層來說更重要？你可以：

- 仔細解讀徵才條件上的工作描述。
- 和該職位的在職員工聯繫，實際了解目前工作現場缺乏什麼。
- 研究管理階層實際想要的人才樣貌是什麼。

如果研究之後發現，該職位的徵才重點放在你已具備的兩種優勢其中之一，那麼就可以剔除其中一位競爭者了，變成是兩匹馬的競賽。但是，如果你不具備的第三個條件「管理層面」才是徵才重點，你的弱勢所在，就必須把注意力轉移到你具備的技能或經驗上。面試時你必須找到充分的理由，來說明你所缺乏的經驗並不會讓你的整體工作能力被大打折扣。所以，談談產品，還有了解產品及產品的未來很重要；談談銷售的重要性以及部門的存活全在於銷售成績。

當然以上只是舉例，現實世界總是更加複雜。

法則100

不要在背後耍手段

在向上爬的競爭過程中，唯一絕對不可以做的事情就是暗箭傷人。

在職場一路向上爬的競爭過程中，法則實踐者絕對不會做的事情就是在背後耍手段。你不會用不道德的手段擠掉競爭對手，而是會利用你的優勢、技能，透過著重自身專業和暗示競爭對手的不足，巧妙地影響管理階層心中既定的需求。

你可以暗示、誘發聯想或迂迴地影射，但你不能公開、過於坦白地說出你覺得競爭對手沒用的理由。**你可以藉由讓管理階層意識到你非常優秀，以致競爭對手相對不適任，而不是直接指出他們的缺點**。所以，你不可以：

- 說競爭對手的壞話。

- 在競爭對手背後耍手段。
- 說任何的人壞話。
- 說其他競爭者的不實謠言（詳見法則四十八）。
- 揭發你所找到，可能會影響他們競爭機會的祕密資訊。
- 竊取情報。
- 偷窺、窺探或暗中探查。

以上這些事你絕對不會做。那麼你可以做什麼？你可以：

- 運用你的人脈了解競爭對手的能力。
- 根據管理階層的需求，加強該方面的特質與能力。
- 談談你的優點，著重你所具備但別人沒有的的特殊技能和專業性；你不會說他們不具備所需條件，而是確保管理階層知道你有這些條件。
- 向管理層推銷他們或許不知道其實他們需要的工作特質，而這個特質也是競爭對手所缺乏的。

法則101

職場應徵心理學

好好研究開缺職位的真正因素，事情可能不像表面那麼簡單。

現在內部出現職缺了，你非常想要那個職位，因為它非常符合你的規劃，且可以賺到更多錢。你有專業、有經歷、有資格，你想要申請這個職缺，因為一切看似都符合條件，萬事俱備，但最終的決定因素是什麼？判斷到底要不要申請的真正標準又是什麼？

「很簡單啊！一個職缺出現，然後只要某人覺得他符合條件，就會去填補這個空缺。」但是條件是什麼？噢，我知道你會說：經歷、資格、專業。

就像你已經具備的特質，也是你為什麼是完美候選者的原因。錯，恐怕沒有那麼簡單，通常還有很多你不知道的事。舉例來說，招聘公告背後的真正原因可能有：

- 總部說必須填補空缺，但管理階層並不想這麼做。
- 你的經理已經私下找到人，這個職缺已經偷偷請到人了。
- 這個職缺要被裁撤了，某個在未來六個月內將被解僱的人會被調到這個職位。
- 整件事只是在浪費時間；在職的人已經投出辭職信，但是會在最後一刻撤回，他只是想爭取更多薪水而已
- 這件事只是為了擺脫某個人，他們會把這個職缺給某個不適任的人，這樣他們就有理由解僱他，因為他無法做好工作。
- 這個職缺是被特別設計出來的，讓經理可以安插自己的愛將／愛人／朋友／親戚／敲詐者。

我不是想讓你變得疑神疑鬼，雖然表面上你就是最佳人選，但是可能有成千上萬的理由是你得不到這份工作的主因。同時，你不該主動申請這份工作也可能有無數個理由，你必須知道這一切。好好研究開職缺背後的真正因素，事情可能不像表面那麼簡單，別被騙了。

法則102

不要透露太多

管好自己的嘴巴，就不容易有差錯發生。

最好不要告訴別人：

- 你想申請公司內部的新職缺。
- 你想申請其他公司的新職缺。
- 你打算離職。
- 你打算申請加薪。
- 你打算改變工作排程。
- 你是法則實踐者。

不要告訴別人你在做什麼，因為這看起來就像在自誇，法則實踐者從來不會自誇任何事，我們非常謙虛。同時這麼做，也只會引起不必要的流言，我們都很清楚那條法則，對吧？很多時候即使你只告訴一個人，事情也會被洩漏出去，他們會告訴自己的密友，密友又會告訴他們的密友……，一傳十，十傳百，最後傳到老闆面前，你就會被老闆叫去並質問你為什麼下週一就要離職，而這一切，只是因為你在餐廳曾跟查理說，你「考慮」要離職。

由此可見，如果無意洩漏了自己的私事，你可能會：

- 被謠言干擾。
- 製造流言，讓別人有機會藉此攻擊你。
- 為競爭對手創造有利因素。
- 讓管理階層知道這個階段他們不該知道的事。

除此之外，甚至也不要給自己自言自語的特權，管好嘴巴，就不容易有差錯發生，你想怎麼做全取決在你自己。

另外，如果你需要取得一些資訊，而有人問你為什麼想要知道，就編一些無關緊要的理由。不，這可不是在說謊，只是讓他們無從察覺。不要說謊，但你可以謹慎、迂迴、有創意、有想像力，也可以丟個誘餌。

如果有人直接問你，是不是想要申請某個特定職缺時，你完全可以避而不談：「噢，我總是在思考下一步。」這是想申請？還是不想申請？就讓對方自己去揣測吧！記得別說謊，尤其當這個決定尚未塵埃落定的時候千萬不要說「沒有」，否則一旦等你決定去申請之後，就會被揭穿、被視為說謊了。

法則103

眼觀四面，耳聽八方

你必須時不時抬起頭來，看看周圍發生了什麼事。

如果你不知道工作周遭或公司內部發生了什麼事，要如何對你的職涯規劃做出明智的決定或調整呢？就像某人想申請你也想要的職位一樣，如果他的經驗更豐富、能力更強、該領域的專業和技能都更好，那麼，或許退一步會是比較明智的選擇，因為如果不退很可能就會失敗。別忘了，法則實踐者總是成功者。

然而，你不需要捕風捉影的八卦，只需要知道鐵證如山的事實。你想知道發生了什麼事，而不想聽那些漫無目的和毫無意義的閒話。所以，適當的做法是：

- 運用人脈取得其他部門的消息。
- 會議時特別留心，一定可以在每個人發言的字裡行間中，得到許多意料之外的資訊。

- 仔細觀察和聆聽「背後隱藏的動機」，很多時候人們所說的話可能是為了隱藏真正發生的事。
- 與辦公室的某些人建立友好關係，你會發現他們通常都能知道一般人所不知道的祕密，而你只需要想辦法讓他們說出來就好。
- 注意貿易相關的報導，你可以從中得到一些資訊；在一般民眾知道之前，這些消息通常都會先被「洩漏」給媒體，比如：新的併購、收購計畫或是收購對手的公司，這些對你來說都是非常有用的資訊，可以讓你領先同事與競爭者。

很多人在工作上之所以無法取得成就，是因為他們花太多時間在自己的工作上。你必須時不時抬起頭來，看看周圍發生了什麼事，否則，可能就在你忙著日常工作瑣事的過程中，周圍的人已不知不覺往上爬了，最後只剩下你一人獨自留在原地，被忘得一乾二淨。

法則
104

讓對手看起來無可取代

老闆是客戶，同事則全都是競爭對手。

我們已經說明過為什麼你不能耍任何小手段（詳見法則一〇〇），所以你知道不能在任何人背後說他們的壞話。但與此同時，你的競爭對手之一和老闆走得越來越近，看起來這個人的升遷機會唾手可得，這時，你該怎麼做？那還用說，就是讓競爭對手看起來「無可取代」，不過是藉由說出所有重要卻無足輕重的小事來表達這一點。例如，你可以在老闆面前「稱讚」他們單調乏味的優點：「天哪，要是沒有莉雅我都不知道我們要如何做文件歸檔，她一定是處女座吧！真的很擅長這類工作。」

這樣說可沒有說謊（別忘了法則四十九），只是指出了競爭對手真的很擅長某項技能，而這項技能，是競爭對手待在「現在的職位」才能有效發揮長才的最好技能。

你的老闆就是你的客戶，你正對他兜售你的服務，你的同事都是競爭對手。這就好比你正在賣車，若有人問你另一家廠牌賣的車是不是比較好，你會說什麼？你可不會說：「沒錯，他們賣的車比我們的好而且更便宜，其實你應該直接去那邊，現在就買一台他們的車。」但你也不會說他們的任何壞話，例如：「他們的車都是偷來的。」而是要說：「他們的車也很好，不過目標客群不同。他們的家庭轎車賣得比我們好。」你並沒有說謊，甚至還間接誇獎了你的客人，因為這句話的言下之意是：「你顯然需要一台更高檔的車型，而不是隔壁廠牌賣的那些劣質小盒子。」這麼說，可沒說任何壞話呀！

另外，也可以問問競爭對手關於新職位的想法：「如果你得到理查的工作，你要怎麼應付這些會議？我記得你跟我說過，你非常討厭開會。」希望對方會因此想起那些沉默乏味又冗長的會議，然後知難而退。

有時你會發現，光是提出一個簡單的問題，而且沒有說任何壞話，就能輕鬆擊退競爭對手，相當振奮人心。換言之，想辦法讓競爭對手自己想要留在原本的職位，他們就會讓自己變得更加「無可取代」。

法則105 別用明褒暗貶的方式詆毀對手

你永遠無法把壞話包裝成好話。

上一條法則可能會讓我們看起來好像都是用一些奸詐、冷酷、不光明正大的方法，其實不然。工作上的每件事都必須投以真摯、誠實的態度，換言之，除非是發自內心，否則不要讚美對手。也許你會認為這是聰明之舉，但真的不是。沒錯，用讚美的方式來詆毀他人，確實是件非常容易的事，但也是非常可怕的做法，因為你馬上就會被看破手腳，給人淺薄、懷恨在心以及非常無情的形象。

別忘了，我們可是用一整章在談「如果說不出好話就閉嘴吧！」好吧，你也許認為你可以把壞話包裝成好話，但實際上你做不到。所以，這種話絕對不要說：

- 「噢，我知道喬丹真的很特立獨行，他就像一個獨立思想家，非常跳脫框架，且很忠於本心、不受拘束。」→他是一隻孤僻的狼，有時候很瘋狂，連黑猩猩的茶會都管不了，更別提管理整個部門了。

- 「喬丹是很老實的員工。他不在意花費，只在意工作中的每個細節，不管發生什麼事，他都堅持貫徹始終。我很欽佩他的能力，可以無視計畫中的金錢符號，專注於實際應用。」→他連自己的錢都管不好，更別提管別人了。
- 「喬丹真的還是一個小伙子，他懂享受也知道該如何找樂子。我很佩服他的酒量。如果有什麼稀奇古怪的表演，喬丹總是搶第一，他擁有自由的靈魂，想法總是很貼近年輕人。」→他是個酒鬼，有點瘋狂，沒辦法把管理員工的責任託付給他，而且他的心智根本就還算是一個青少年。
- 「我們不能把喬丹關在辦公室，他是個精力充沛的人。我不覺得我們小小的牢籠能綁住這種充滿活力的人。真是嫉妒他，我埋首在文書工作時，他在外面和客人聊天、交流感情，果然是天生的業務高手。」→喬丹的文書做得爛透了。

不要掉入這種說話陷阱，你的主管肯定看得很清楚他們是不是合適人選，與此同時，主管也不會喜歡這種說話明褒暗貶的員工。

法則 106

把握每個提升職涯價值的時刻

沒有不好的工作，只有不好的工作態度。

每隔一段時間，就可以從例行公事、單調乏味的工作日常中脫離一陣。這些熱鬧活動與大眾矚目的時刻，就是你能提升職涯價值的時刻。這些時候會是：

- 初選面試。
- 第一天上班日。
- 負責做簡報。
- 負責籌備展覽。
- 主持重要會議。
- 負責員工培訓。

- 危機處理。
- 和工會協商。
- 出席健康安全委員會的會議。
- 成為急救人員。
- 籌備員工活動。
- 負責接待達官顯要、政商名人。
- 編輯公司內部刊物。
- 接洽媒體。
- 負責辦公室的搬遷或布置作業。

第一次得到這些機會時，很多人會擔憂、驚慌，他們會大喊：「噢，不，今年要在國家展覽中心辦展覽，為什麼是我？老天啊，為什麼是我？」相反的，你很清楚這條法則——這些工作都是提升職涯價值的時刻，所以你必須好好把握這個機會大放異彩。沒有不好的工作，只有不好的工作態度。一定要找到能讓工作做得更好的方法，讓它更有趣、更完美，要知道，是工作提供你發光發熱的機會。

法則107

培養同事情誼與認同感

他們說笑時跟著笑，但不要一起度假。

如果你遵從這本書的所有法則，就會是一個不折不扣的好人，擁有好人緣、自信、隨和又可靠。你會成為一個成熟的人，但仍保有童心。職場上，你需要同事的支持才能好好工作、你需要他們的友誼和認可，如果沒有了這些，就會讓自己置於被陷害、推翻、捨棄、趕走的風險之下。

然而，當你竭盡所能想要爬到同事頭上、成為他們主管的過程中，要如何培養同事情誼和認同感呢？

你要成為群眾的一員，但同時保持一點距離和客觀的態度；你必須可以和羊群奔跑，也能和狼群一起狩獵；你必須成為「他們的一員」，同時也是老闆的一員。

為此，你要和員工多多交流，但不能失控、不能喝醉、不能和員工上床或廝混。他們說笑時跟著笑，但不要一起度假；傾聽他們的煩惱，但不要說這樣的煩惱有多膚淺或無關緊要；他們壓力大的時候給予支持和幫助，但自己要隨時保持冷靜；你要像關心他們的婆媽，同時也像朋友、共謀；你必須聽他們對管理部門、老闆的抱怨和牢騷，但是不能透露你的身分，也就是：最終你會成為他們的新主管。

你必須幫他們完成工作，這樣他們才會依賴你；你必須成為外交官、調解人、裁判、朋友及牧師；你必須讓他們愛你，因為你人那麼好、那麼友善；你必須成為他們的力量之塔、他們的支柱與密友；你必須讓他們覺得你很特別，覺得沒有你他們的人生就會從此灰暗、陰沉又無趣；你必須成為派對的生命與靈魂、是主辦者也是最後收尾的人。

以上這些都有可能發生，不容易但有可能。如果你和同事的關係和睦到這種程度，他們就會是推動你向前的人：希望你成為他們的主管，主動要求由你來帶領他們，與此同時，你也會成為最優秀的法則實踐者。

法則108

知道什麼時候該打破法則

貫徹法則，直到它在你心中根深蒂固變成一種直覺，然後相信你的直覺。

人生沒有永遠規律、毫無差錯的公式，總是會有意外發生。真正的法則實踐者具備自信、理解力、冷靜的頭腦，能辨別什麼時候該打破法則。

我遇過很多優秀且堅定的法則實踐者，他們一開始都是盲目地遵從法規。當你踏出第一步時，這確實是明智之舉。畢竟，另一個選擇是自滿，確信「我能做好這些事」，但實際上卻相反。我們沒有人能不費吹灰之力地應對好每一種情況。問題發生時該做什麼事情或許很明確，但不代表很容易執行，有時我們甚至不確定該走哪一條路。

所以，無論如何都要認真看待每一條法則，這就是具體的執行方法。然而，隨著你逐漸成為一名法則實踐者，你會變得越來越自在、自信，開始發展實踐法規的全方位直覺，就可以開始不用嚴格遵守了。到那個時候，大多數法則都會變得很自然而然，也不再需要時時提醒自己；只要你可以到這個階段就會發現偶爾，只是偶爾，某些法則其實並沒有那麼恰當。

要說服自己實踐某條不合適的法則，其實一點意義都沒有，因為你並不情願遵從它。為此，你要看得透徹、客觀，當你的直覺明確地告訴自己要打破法則時，那你就這麼做吧！

就我個人而言，我很少遇到需要打破法則的時候。實際上，「打破法則」不是每天會發生的事，甚至一週也不會發生一次（至少不是故意——當然我不完美，我還是會回顧過往，覺得自己哪裡可以做得更好），但我還是偶爾會打破法則。舉例來說，法則實踐者絕不會刻意在公眾場合貶低別人，但是我的人生中發生過兩次，我遇到真的需要在公眾場合被貶低的人，如此才能阻止他們對別人這麼做，而我非常樂意做這件事。

看吧！說到底，「何時該打破法則」是一種直覺。所以貫徹法則，直到它在你心中根深蒂固變成一種直覺，然後相信你的直覺。只要時不時複習這些法則（不光是本書的法則，還有你生命中遇過的其他法則），確保自己沒有忘記或誤解法則，如此一來，隨著時間推移，就可以更信手拈來地運用這些法則來處理任何突如其來的棘手問題。比起任何書籍，這樣的直覺反應對你來說更有幫助。

Chapter

11 權力的法則

The Rules of Power

掌握了「工作的法則」之後，就可以準備學習「權力的法則」了。學習「權力的法則」是在增加籌碼，同時也建立一種方法好讓你的職涯發展更上層樓。這些法則將能確保你有辦法讓其他人認可你的權威、聽從你的話、根據你的要求辦事，這些都是真正領導者該確實掌握的終極法則。

「等一下，我們是『法則實踐者』，我們的目標可不是對宇宙行使最高權力，讓萬物屈服於我們的意志之下。我們絕對不會是為了攀到巔峰就任意踐踏別人，讓他們付出代價的人。」沒錯當然，這裡的目標可溫和多了，我們只是希望在看到正確的、適當的、明智的做法時，能確實付諸實踐。我們不會踩著其他人的背爬到巔峰，我們會透過自己的努力與成績，靠自己的力量爬到最高處。而之所以要學習「權力的法則」，就是為了確保在過程中不會因為缺乏影響力，或無法讓自己的聲音被聽見進而錯失良機。

換言之，「權力的法則」是能讓你被聽見、被信賴、被認可、被追隨的法則，好好巧妙地運用它們吧！

法則 1

知識就是力量

真正的權力是看起來毫不費力。

當人們認為自己是對的時候，會給人很有威望的感覺。但問題來了，有時人們只是「自認」是對的，但實際上並非如此。與此同時，如果你表現得好像已經做好結論、計畫和決定，但其實其他人早已看出事情並非你所想的那樣時，你看起來就會像個狂熱分子。為此，我們至少要想辦法讓自己注意到自己的錯誤。

小時候我有一位朋友，他的父親是教會的牧師。有一天這位朋友去他爸爸的書房拿東西，瞥見爸爸放在書桌上正在寫的布道稿。他發現他父親寫在頁緣空白處的一行話覺得非常有趣（並開心地和朋友分享），那句話是：「論點偏弱時，音量要放大。」就是這麼一回事。如果你的論點不如預期的有力，就要靠情緒渲染才能有效地傳遞給別人。

不過那些給人權威感、真正強大的人，不需要靠情緒渲染，因為他們絕對知道自己的論點是最有說服力的。他們怎麼知道？因為他們做過研究、與事實比對，明確地知道他們需要說明什麼、需要說服誰；他們知道誰可能會唱反調、這些唱反調的論點會是什麼，也準備好辯駁他們的回答，所以他們能沉著以對，讓「事實」為他們發聲。

真正的權力看起來毫不費力。沒錯，這需要付出很多努力，因為如果你表現得很焦慮、慌張、情緒化，就會削弱別人對你威望感的信任。所以，你的目標就是表現出非常有自信，但沒有任何誇耀或傲慢（這兩種都是缺乏自信的跡象），如此一來，就沒有人會想質疑你所說的話。

那麼，要從哪裡獲得這種自信呢？從絕對毫無疑問的事情開始。你必須掌握所有事實、知道如何回應任何可能針對你的論點，當你越有經驗時，就越能從容地面對。負責出版我著作的出版社有一位聰明的編輯，她總是能知道一本書會不會成功，甚至能說出原因，因為她能跟上潮流且掌握產業脈動。像這種事情總是有「源於經驗」所產生的本能因素。之前她已經證明很多次，所以每個人都願意聽她的；她知道的、懂得比多數人的多很多，其他人也心知肚明。

你不需要等到累積多年經驗才能到達這個階段，多讀、多聽、建立人脈，確保你知道別人知道的每件事情，甚至更多。例如，如果你是唯一一個讀過新法案的人，而你在會議中拋出這個議題，加上一些對未來影響的評論，你就會馬上變得很有威望；如果你曾聽過一些會改變團隊決定的小道消息，誰會是掌權者？當然是你。

所以多多涉獵知識和各種資訊，充分準備好你的論述、累積自己的經驗，如此一來，當你帶著沉著、自信的態度說話時，每個人就會認為你是對的。

法則2

轉頭就走

當對方比你更在意能否達成協議時，就是最有效的策略。

你知道怎麼討價還價對吧？順利的話，當你提出一個低價，賣方會稍微降低一點，你再砍一次，他們就會讓你半價……，直到雙方成交。如果不順利，當他們拒絕你提的新價時，你就轉頭走。這麼做的背後想法是「他們會追過來，同意你提的價格」，當然，他們也有可能不會追過來。

如果你不好意思回到賣家那邊，或是他們知道你想要這個東西的欲望，大於他們把東西賣給你的需求，那麼賣方就掌握了主控權。所以，要讓主控權掌握在自己身上的唯一方法，就是「轉頭就走」，讓賣方知道你實在不願意以這樣的價格來購買他們的東西，如果賣方沒有追過來，你也很樂意放手。

當然，這個方法不只能用在商店或攤販，還能用在你的商業貿易上，以及和客戶、供應商往來，或要求加薪，或下個月會議上由誰扮演什麼角色。雖然不必像市場上公開的討價還價（儘管也可以這麼做），但原則上都是一樣的。如果你準備好從交易中抽身，就要握有主動權。例如，假設你寧願遞交辭呈去找一份新工作，也不願留在無法加薪的原職位，那就這麼做吧！不要害怕、不要發脾氣、去做就對了。如果他們追過來，提出一個更好的職位或薪水，那交易就成功了。如果他們不追上來，你也不委屈。

不過我希望你很明白這個原則，**唯有在你「真的」準備好轉身離開時，才能奏效**。如果你沒有準備好，這就是風險極高的策略，因為如果他們也準備好轉身就走，而且他們真的放你走了呢？換言之，你必須非常肯定自己能承擔結果。所以當對方比你更在意能否達成協議時，這才是最有效的策略。在這種情況下，他們等於把極大的權力放在你手上，所以你一定要掌握這個情況。因此，讀出對方的訊號，了解自己的想法，需要的時候轉身就走。

不過你可是法則實踐者，所以你不會用輕蔑、傲慢、霸凌的方式轉身離開。你只會安靜、有禮貌地讓他們知道：你並不滿意這檯面上的交易，不過還是謝謝他們，你很抱歉這件事無法順利完成——微笑，握手，然後離開。

現在就看他們的決定了，不管他們做什麼，你都沒有意見，最好的情況當然是他們會提供讓你滿意的提案。如果沒有也沒關係，你會找到新的工作、新的供應商、拒絕促銷方案，或在會議上堅守你目前的可控範圍。

不管發生什麼，你都會發現「轉頭就走」能為你帶來掌控局面的權力，並替你在未來贏得尊重。這是一種相當有辦法展現權力的行為，也能散發出某種人們夢寐以求的自信。

法則3

知己知彼，百戰百勝

做這些事情是為了他們，也是為了你自己。

你知道你的主要供應商去年到哪裡度假嗎？你知道同事之前離職的原因嗎？你知道哪些客戶有小孩嗎？你知道某個主管上次搞砸工作是什麼時候、原因是什麼嗎？什麼最容易激怒你的直屬主管？如果你能回答這些問題，給自己一顆大星星吧！

如果想在某人面前留下深刻印象、與他們競爭、讓他們開心、和他們達成交易，你就需要了解他們的一切。不只是事實和數據（儘管這些也很重要），還有能讓他們點頭的一切——他們喜歡什麼、不喜歡什麼、害怕什麼，以及他們的弱點與強項。

不過請注意，我們是法則實踐者，我們不會搜集別人的醜事當籌碼，以此勒索別人。請不要誤解我的意思，我的意思是去了解他們、深入他們的內心，這表示你可以向客戶提出對他們來說真正有益的提案，或者在關鍵時刻幫助同事，而不是老是給一些他們不需要的援助；這也意味著你可以提出真正能吸引老闆注意的報告，或說服經理採用你的提案。

你可以做任何你真正喜歡的事，只要你能了解與你正在打交道的人。我曾有一個同事，他的部門總是有最新、最酷炫、最先進的設備，這使得他們總是能取得優勢、贏得讚美。我曾經問他：「你的主管那麼不願意承擔風險，你是如何說服她把部門預算投資在公司任何部門都還沒測試過的設備上？」他偷偷地告訴我，他的主管非常害怕屈居人後，所以每當他想要主管升級任何設備時，只要想辦法讓她意識到如果不投資這些東西，就會有多可怕的後果，比如會漸漸地落後其他部門。

最後也因為他們採購的先進軟體和設備確實幫助他們部門很多的忙，這表示他的主管接受了他的思考方式。換言之，他運用他的知識，不僅為自己帶來益處，也造福了公司和主管。

然而，你需要與人交談才能了解他們，也需要聽他們說話並從中找到線索，把當中一些零散的訊息記下來，以便留著日後派上用場。另外，問些問題也能找出他們真正盡責、擔憂、熱衷的事物，以及恐懼、欲望和興趣有哪些。

你做這些事情是為了他們，也是為了你自己。只要你知道他們想要什麼，你就能給出他們想要的。如此一來，不僅能藉此贏得尊重，達成協議的機率也會大大提高，從而能在同事間建立起名望，何樂而不為呢？

法則4

成為有威望的人

你當然可以有心情不好的時候，但不要顯露出來。

我想大家都知道，人很容易受到他人影響，所以，如果你看起來很強大，人們就會覺得你很強大。換句話說，是他們賦予你力量，為了讓他們的假想成為自我實現。顯然地，本章的其他法則也很重要，因為你不希望破壞自己的地位。如果關於你的一切，集合起來就像一個完整的整體，你就會成為你看起來的樣子，也就能獲得真正的威望。

記得我二十一歲的時候，當時我的工作是必須把比我年紀大、比我更資深的人組織起來，讓他們相互合作。有一天我和其中一人聊天，提到我的年紀時他非常驚訝，不敢相信我居然這麼年輕，他覺得我至少三十歲了。我說：「真是謝了，我看起來那麼老嗎？[11]」他的回答是：「其實不是，只是因為我覺得你的氣場很強，所以我覺得你的年紀比較大。」這大概解釋了為什麼當時即便我年紀比他們小，但他們往往仍願意照我說的去做。這個經驗，教會了我一個非常有用的法則。

我聽到你的疑問了，所以什麼事能讓你成為很有威望、氣場很強的人？這個嘛，我們在前面十章「工作的法則」裡已經挖掘很多了。不過說到底都在於你給人的印象，**你要對自己非常有自信，就像在自己的主場**。不管你心中真實的想法是什麼，表現出自信的一面就對了。你越常練習這件事，就越能成真，很快地你就會成為一個發自內心充滿自信和威望的人。首先，要先從對日常工作充滿自信開始，隨著時間推移和練習次數的增加，慢慢地在面對更具有挑戰的情況時，比如：和客戶開會、和管理階層談話、在公開場合演說等，也會產生一樣的自信，

經常保持微笑、堅定的握手、自信的步伐，這些都是我們先前看過的要素，不過這裡要加入情緒了：保持正向。你當然可以有心情不好的時候，但是不要顯露出來。聽著，你找不到比君主更有威望的人吧？但你什麼時候看過英國女王心情不好？沒看

11 噢……當時我覺得三十歲很老。

過，對吧？她一定會心情不好，但她會顯露出來嗎？她當然不會，所以學學她，讓自己始終看起來很正向。

另外，你也要有充滿自信的聲音，有需要的話要勤加練習；語速不要太快，讓聲音聽起來更堅定。使用的詞彙也很重要，要避開類似「請求允許」或「請求同意」的口頭禪，例如「你不覺得嗎？」、「你知道我的意思嗎？」同樣地，陳述事實就要有陳述事實的態度，不要用這種方式表達：「我想……」或（在工作上）更不好的方式：「我覺得……」。如果你不認為這個事實能支持提案，而且是非常明確地知道，那就直白肯定地說出來。

看看你周圍的人，想想看哪些人自帶強大氣場、哪些人沒有，研究看看是什麼讓他們產生這種形象。然後自我省思，看看哪些習慣必須改掉、哪些習慣要加強。在你意識到自己改變之前，大家可能就已經聽命於你了。

法則5

成為討人喜歡的人

如果人們喜歡你，他們就願意給你更多的權力。

就是這麼簡單。我們都喜歡幫自己喜歡的人，而不是討厭的人；我們寧願幫這些人，也不願意幫老是在抱怨，或永遠不會感謝你的那位主管。我們更在意討人喜歡的人對我們的看法，畢竟，我們都想被自己喜歡的人喜歡，所以我們不太願意和他們爭吵，也不太願意對他們說不。我們更願意和受歡迎的人結盟，而不是不受歡迎的人。

以上這些都代表如果人們喜歡你，他們會更願意：

- 尊重你。
- 同意你。
- 照你說的做。

・不會拒絕你。
・當你的後盾。

也就是說，他們願意給你更多權力，他們更願意遵從你的領導，而非他們不喜歡的人。請記得，**權力是一種必須要非常謹慎使用的東西**。我們不會利用別人的好意，因為無論在任何情況下人們都能察覺得到，他們也會因此更不喜歡我們，如此一來，既不道德，也沒有效益。

另外，你也不能在需要的時候才展現魅力，或是用完就關閉；即使你有能力操縱這件事，也不能這麼做，當然你做不到，這也行不通。你必須隨時保持討人喜歡的形象，你需要一個長期、慢慢深植人心的討喜形象，這樣每次需要別人幫忙時，就已經在別人願意支持的名單上。我知道這聽起來很像權謀手段，但如果你要實踐法則，我希望你盡可能地對每一個人好，而這件事的關鍵在於「成為自己想成為的人」。

那麼，要怎麼討人喜歡？很簡單。一開始你不需要採取行動，自然點，做自己，保持心胸開闊，只需要開啟一些行為，把某些行為關掉。

要開啟哪些行為？友善，記得看到別人時打招呼、感謝別人的貢獻、說謝謝、平等地對待每個人、釋出善意、聽聽別人的看法、保持平易近人、情緒平和。很簡單，對吧？這些都是媽媽曾經告訴你的事（我是這麼想的啦）。另外，關掉抱怨、發脾氣、無視比你資淺的人、搶別人的功勞、說別人閒話、以及任何你也討厭的特質。

無論你是害羞的還是外向的，緊張的還是自信的，以上這些應該都可以完全實踐，因為這些只是行為，不是性格特徵，所以任何人都可以做到。

法則6

知道自己是誰

如果拋開工作，你還是你自己，就能帶給你極大的優勢與力量。

我這一輩子做過很多工作，不過在這些工作之外，我一直是一位「作家」。不是那種才華洋溢、備受讚譽的文學作家，只是一個熱愛寫作的人，甚至不是能靠寫作賺錢，或因此受人關注的那種作家。但是這些都不重要，因為「寫作」是我打從有記憶以來一直想做的事情。

當然，其他工作我也有做得很好的，也有搞砸的、無趣的、無法讓人獲得成就感的工作。不過即使我做著不喜歡的工作，我也知道在這份工作之下，我其實不只是個員工、財務經理或任何表面上的職位，在內心深處我一直是一個作家。正因為我很清楚這件事，所以當我做著我不喜歡的工作時，無論發生什麼事，都不足以讓我過於在意。老闆們不能讀懂我真正的心思，也不能奪走我寫作的靈魂，他們甚至不知道有這件事，這是他們無法觸及的一面。

這就是我的力量所在。因為我知道我是誰，沒有人能改變我，我不會絕望、不會害怕，這就是我。無論工作上發生多糟糕的事，我都會一直做自己，**因為工作無法定義我是誰**。

有些人沒了工作之後就會迷失自己，因為除了工作之外，他們不知道自己是誰，這就是為什麼很多人退休後很快就過世了。這些人無法應付沒有工作的人生，工作賦予他們目標、定義他們是誰。你可以對工作充滿熱忱，但不需要成為工作的一部分，使自己無法抽身；知道工作之外的你是誰，不代表你就不能在工作上盡心。

你也許不是作家，可能是園藝家或古董車收藏家，也可能是父母、老師、喜歡參加派對的人，不論內心深處的你是什麼、你是誰，都要牢牢抓住這一點。即便你熱愛你的工作，有時仍免不了會有不順心的時候，但如果你的身分認同與工作無關，工作上一切不好的地方，就沒有權力傷害你。

即便拋開了工作，你還是你自己，就能帶給自己極大的優勢與力量。即使別人不明白這個力量從何而來，他們也會認可你是充滿力量和威望的人。

這是一種發自內心，對自身狀態感到自在的力量。對許多人來說，這是隨著年紀增長的東西，但如果我們沒有牢牢抓緊「做自己」這一點，它也可能隨著時間慢慢消逝。

法則7

做好你的工作

只要做好你該做的，就能積累權力和力量。

我曾參與過一個計畫，籌備過程中這個計畫忽然備受關注，因此上級想更大規模地推廣，陸續招募好幾個新人加入此計畫。由於我在剛開始規模較小的籌備過程中負責關鍵部分，他們非常需要我才能繼續推動這個計畫，並確保一切都能順利展開。但這是一個約聘工作，所以他們必須提供新合約，我才能繼續工作。這一切都來得很突然，就在他們傳來最終合約談妥的消息時，我們即將就要開始執行計畫了。

我看到新合約時，上面寫得很清楚，他們希望我留下來，來年繼續推動這項計畫，但我只想再做幾個月，直到一切事宜都安頓好之後就想要去找下一個新挑戰。我告訴他們這件事，但他們跟我說一年合約是公司規定，沒有談的空間。我知道在這個重要階段，他們不能沒有我，因為計畫中有好幾個部分只有我知道，所以我（禮貌地）拒絕簽名，除非他們可以改變合約期限，重新給我一份無固定期限的合約。後來發生什麼事？他們答應我的要求了，因為他們別無選擇。

我們知道沒有人會一直無可取代，但有時候看起來就是如此。當你越不可取代，別人就越要配合你，因為他們承擔不起失去你的好意、你的協助、你的參與。他們需要和你保持良好關係，不是因為你很重要，也不是因為你很資深，只是因為你能把你的工作做得非常好。

這就是權力的法則之一。只要做好你該做的，就能積累你的權力；當你做得越好時，就能獲得越大的權力。這不是要你保守祕密、不讓別人知道你如何達成成就，這樣的做法能讓你贏得權力，但代價太大了，你會失去同事的幫助與他們對你的信任，到頭來，你所擁有的會是見不得光的權力，而不是光明正大的。你不需要這麼做，不需要這麼複雜。

看看你周圍的人，會發現公司最看重的人，都是那些得到他們所需，進而把工作做得更好的人。同時，他們也是每個人願意聽從的對象，所以成為他們的一員吧！就是這麼簡單。

法則8

讓人們站在你這邊

質重於量。

假如你想讓一個工作提案通過，或為部門爭取預算，或同事想阻止你參與某項計畫，你可以（也應該要）為了達到目的，提出一個強而有力的佐證，冷靜且流暢地表達出來。但是，無論你多令人信服、多有說服力、多深入研究和統整你的論述，你還是只有「一個人」。

那麼，如果有更多人呢？有兩、三個人一起爭取這個案子，會比一個人孤軍奮戰更有效率。但可不要停在這個人數，可能五、六人，或更多人會更好，所以去爭取他們吧！越多人幫你撐腰，你的論點就越有分量。對管理部門或同事們來說，比起否決很多人，否決一個人可容易多了。

首先，找出你需要說服的人，以及誰是那個其他人願意聽從的對象。如果你可以說服他們，他們幾乎就能幫助你完成剩下的事。所以鎖定引領潮流的人、人們跟隨的人、很有想法且備受尊重的人，以上這些都是你要積極爭取的人。不只因為他們能讓其他人支持你，也因為他們的支持才是最重要的。

要說服團隊中氣勢比較弱或耳根子比較軟的成員相對簡單，因為他們多半是追隨者，不是領導者，而且他們會很高興你希望和他們站在一起。盡可能用各種方式說服眾人接受你的想法，多一個人就多一份幫助，讓更多人站在你這邊，絕對不會吃虧。但這也不是人海戰術，最好還是要有一、兩個有影響力、備受尊重的同事和你站在一起，這樣比起很多資淺卻沒有影響力的同事來說，會有用很多——記得「質重於量」。

很好，你已經看到誰是關鍵人物了。現在你必須依循幾個重要的工作法則，把他們贏來身邊：去了解什麼能驅動他們，以及找出他們可能想支持你的理由（不要預設每個人的原因都會是一樣的）。

也許是你想促成的提案有益於他們的部門，或有益於他們自己，或這能為他們開啟一個有用的先例，或能把難搞的同事移出視線範圍，或能為他們自己的提案掃除障礙，或給他機會吸引注意力，或能助他們提升形象，也可能他們根本沒有別的心思，只是單純被這個好想法說服了。

總之，你的任務就是找出他們會支持你的原因，然後用一種巧妙又顯而易見的方式，讓他們看見這個原因。只要你能做好，就能以團體力量接觸到真正的決策者，接著所有權力也會隨之而來。

法則 9

成為有自制力的人

他們不會同意你的看法，除非他們看得出你也確信自己所說的話。

我之前有在法則一稍微提到一點，但其實它本身就是一條獨立完整的法則。為了變得強大，成為一種驅動力，你必須專注於你想要什麼、如何得到；你必須有一條明確的路，跟著它走。其他人能分辨出你是否對自己的看法深信不疑，還是你也有點猶疑——他們不會同意你的看法，除非他們看得出你也確信自己所說的話。

換言之，**別人「對你的觀點」是他們是否願意和你站在一起的關鍵**。其中，沒有什麼比「情緒化的人」更能快速削弱他人對你的信心，尤其在工作上更是如此。你可以和伴侶說：「不知道為什麼我很討厭沙灘假期，我就是不喜歡。」但工作上你應該要提出冷靜客觀、實際的事實、案例、成本、預測來支持你的觀點[12]；**工作上的意見不一，應該要理性地表達**，**這裡沒有情緒化的餘地**。

如果你爭論時明顯地激動、沮喪、焦慮或展露其他情緒，人們就會覺得你的看法：首先，是基於個人感覺而非事實；其次，你無法提出非常有力的證據，否則你應該會更有自信。與此相對，你越有自制力，就越能隱藏個人情緒，同時也就會變得更強大、更有說服力。我了解有時你因為某些原因，在工作交易中投入強烈的情緒，沒關係，只要別顯露出來就好。

你一定看過有人在會議上對別人顯露出暴躁、易怒的一面，這樣觀感並不好。舉例來說，比起和同事爭吵，他們之中只要有一個人願意說：「我發現我一開始沒有給出很明確的大綱。」就能為彼此保留更多的尊嚴。

如果想在辯論、討論時表現出自信、自制、有力的形象，那麼在其他工作時間也表現出這種形象，就能讓你獲得領先優勢。例如，當你一早站在咖啡機旁，聽著團隊一如往常地分配著工作時，不要裝酷、不要冷漠、不要像個機器人一樣，這樣只會讓

12 沒錯，工作中總是伴隨情緒，但有條不成文的規定是我們得假裝沒有情緒。

自己變得不受歡迎。這時候可以適時展露出你的情緒，比如有時帶有一點熱情會很有說服力，但得確保你的情緒還在掌握中，不會失控。

你也知道，有些人就是很易怒，所以絕對無法保證自己是否會無意間刺激到他們，對吧？沒錯，只要別成為這樣的人就好。努力成為一個平易近人、內心強大、樂觀開朗又有自制力的人吧！

法則10

勇於承擔，別拱手讓人

請表現得像個大人一樣。

如果你打算一到手就拱手讓人，那麼依循這些法則，得到權力和威望就沒有意義了。然而，令人驚訝的是，很多人都這麼做了，即便一開始他們都是想方設法要得到這一切。

那麼，他們為什麼這麼做？他們要求、期望、允許其他人以這種方式對待他們——他們不會為自己和自己的決定負責，這就像讓媽媽幫你洗衣服一樣[13]，如此一來，就是在削弱自己的權力。如果你想獲得權力和尊重，就要自己做決定並堅守下

13 拜託告訴我現在不再是媽媽幫你洗衣服了⋯⋯。

去，也就是說：**你必須為了自己工作**。當然，一個好的管理者會分派任務給別人，但還是有些不該分派出去的事，而你要知道是哪些事；你必須承認自己的錯誤，不要找藉口；你必須為自己著想——可以諮詢別人，但不要期望別人會以你的角度思考；站在該行業的領導者身邊，但不要盲目跟從。

換句話說，請表現得像個大人一樣，一個負責任、有力量、有威望的成年人，否則你就會給人很弱、不確定、愚笨、不可信賴、畏畏縮縮的形象，這些都不是氣場強大的人該有的特質。

或許，把自己的過錯歸咎在別人、某件事情上，總是比較容易，但如此只會吸引別人注意到你的缺點。聽好，假如你上班大遲到，還大肆抱怨這不是你的錯，只是「不小心錯過了火車」、「為什麼早上火車班次這麼少」等，只會把遲到這件事越描越黑，聽起來就像是你想辦法讓大家意識到這不是你的錯。但實際上，讓我告訴你其他人在想什麼：你只要提早五分鐘起床，就能和我們一樣準時上班。

所以上班遲到了該怎麼辦？在心中承認這件事：「如果你多留一點準備時間就不會遲到了。」另外，到辦公室時要這麼說：「很抱歉，我遲到了，我們開始工作吧……」你可以了解這聽起來更可靠吧？

當然如果你非常遵守法則，遲到就不會是常態，其他錯誤也不會是常態。但當錯誤發生時，就勇於承擔然後繼續工作。勇於承擔，不要害怕，當你接受困難的任務、責難、責任和決策時，權力也會跟著伴隨而來。

後記：這樣就夠了嗎？

Had Enough Yet……

聰明人都知道，所謂的成功，不只有在工作上，他們還會想要知道有關人生、財富、工作、人際關係、教養孩子的成功之道。幸運的是，我已經為各位讀者完成了這項困難的工作。透過我經年累月的觀察、提取、篩選和總結，我把這些成功之道的關鍵，整理撰寫成一個個方便吸收、實踐的小法則。

撰寫過程中，我一直斟酌思考著不要把每一項法則內容延伸得太深，而是盡可能滿足讀者的廣大需求。目前法則系列已出版多本，且幾乎囊括了所有人成功之道的幾個重要領域。因此，在本書最後，想邀請各位讀者試讀其他法則之書的「一項法則」，包括：

《管理的法則》
《思考的法則》
《財富的法則》

如果讀完這三項法則之後想知道更多，非常歡迎再分別參閱每一本書，還有更多精彩的內容。

摘自《管理的法則》

讓員工投入情感工作

說服員工（當然，前提這件事情必須是真實的），他們所做的事情影響深遠。

你負責管理員工，員工則是領薪水做好工作，但如果對這些人來說這「只是工作」，你就永遠無法讓他們發揮最大價值。如果他們來上班只想打卡上班、打卡下班、上班時間盡可能做最少工作，相信我，這樣的管理註定會失敗。與此相對，如果員工在上班時能獲得樂趣，想要進一步發展、接受挑戰、獲得啟發並樂在其中，那麼，你就有很大的機會能得到員工最亮眼的表現。

想要讓底下的員工從「苦命勞工」轉變成「超級團隊」，關鍵全在於你；你必須要去啟發、帶領、激勵、挑戰他們，讓他們投入情感來工作。

「我知道了，沒問題！」你喜歡挑戰自我，對吧？好消息是，想讓一個團隊投入情感的方法，很簡單，就是必須讓員工「在乎」自己正在做的事，但該如何讓員工「在乎」呢？這也很簡單，就是讓員工知道他們正在做的事情有多重要、會如何影響人們的生活、如何滿足人類的需求，而他們的工作是如何藉由接觸人群，來幫助人們。

說服員工（當然前提是說服的理由必須是真實的），他們做的事情會影響深遠，會以某種方式貢獻社會，而不只是填滿老闆或股東的口袋，或保證執行長能拿到豐厚的薪水。

沒錯，我知道如果你管理的是一群護理師，而不是一個廣告行銷團隊，很容易就能展現他們的工作貢獻。但其實**只要仔細思考，找出該工作所有角色的價值，然後灌輸他們從事這份工作的自豪感，就可以了**。「有這麼容易嗎？你證明給我看？」沒問題。例如：某些即便公司規模很小、專門出售廣告空間的公司，就是以「幫助」其他公司來獲利。

他們的廣告正在提醒潛在消費者：人們一直想要，以及確實需要的東西；他們支撐著報紙或雜誌的營利（還有他們的員工），因為他們仰賴廣告的銷售收入，而雜誌或報紙傳遞資訊，也為消費者帶來快樂（除非他們不會，他們會的吧？）。

想辦法讓員工「在乎」工作吧！因為這是一件很簡單的事情；沒錯，這是事實——每個人的內心深處都希望被重視、成為有用的人。或許，憤世嫉俗的人會說這都是無稽之談，但這是千真萬確、存在於普世人類內心深處的真實想法。你要做的事情就是好好「挖掘」，你就會發現在意、感受、關心、責任、參與都是員工和你想要的。把這些東西都挖出來，他們就會永遠跟著你，你甚至不會知道原因是什麼。

喔對了，在你開始說服團隊之前，一定要先說服你自己。你相信你做的事很重要嗎？如果你不確定，就往內心挖掘、往更深處挖掘，直到找到能讓你在意的方式。

摘自《思考的法則》

不要害怕

假如你能尊重別人的見解，對方也就更有可能尊重你。

一旦要開始獨立思考，總會讓人感到害怕。天知道獨立思考會造成什麼後果？經過一番獨立思考後，你可能會得到若干原則和信念，而它們或許會和周遭朋友的想法合不來。一旦發現自己無法獲得多數人的贊同時，所面臨的下場可能是發現自己弄錯了，或是至少沒把事情弄對。由此可見，成為獨立思考者的障礙之一，是害怕與眾不同。

請你聽好：這是情有可原的，但你可以輕鬆應對。世界上並沒有思想警察，起碼目前還不存在。當你準備好開始思考之前，沒有人必須先知道你在想什麼。你並不需要把全家人聚集在一起，然後宣布說：「我要你們都知道，我覺得你們的生活方式通通錯了，我完全不同意。」**獨立思考是一回事，卻不意味著必須分享你的新信念**，除非你想這麼做。

如果你已經開始結交出身背景和信念都不一樣的朋友，這一切會變得容易許多，也算是你擇友之道的好處之一。只要你踏出同溫層，就會有愈來愈多人接受你的獨立思考。無論跟你在一起的人是否同意你的新觀念，他們都同樣有趣、讓人感到愉悅，而你則是樂在其中。當然，你也必須接受他人和你的差異，請勿覺得備受威脅。你可以傾聽他們的看法，然後自行判斷。

假如你習慣了認同身邊的所有人，那麼想要開口說出自己有不同的想法，確實相當難為。因此，等到你準備妥當之後再說，也要知道他們會因此覺得你造成了威脅。你可以自行決定如何應付這種狀況，然而，如果你事先沙盤推演過了，就會對自己的決定感到更高興。我想要補充一句：假如你能尊重別人的見解，對方也就更有可能尊重你。根據我的觀察，能夠尊重他人意見的人，即使未必同意對方的看法，都會比無法接受不同見解的人更受歡迎——這一點並不意外。

獨立思考並不限於思想、價值觀、政治和宗教等議題，從工作職場乃至現實事務上也不例外。假使你是與人共事，第一次想要說出「我認為還有更好的處理方式」是很可怕的。話雖如此，還是懇請你姑且一試並維持對事不對人、尊重、不帶批判的態度，如此一來，你反而會發現可以得到正面的反饋。

只要你的思慮夠周延，就很有可能你是對的，這樣別人也會對你表示讚賞。反之，若他們反過來想要說服你，讓你明白你的想法並沒有那麼好時，你也不必認為他們是以人廢言。你應該繼續保持獨立思考並分析他們的評論，或許他們說得沒錯。若真是如此，請你下次多加磨練思考技巧就好，切勿輕言放棄。

想想伽利略或是達爾文吧！每個獨立思考者都需要一點勇氣才行。然而，只需要你的同事們給你一句：「真是個好主意！」就足以使你感到大受鼓舞，下一次仍會大聲說出自己的想法。

摘自《財富的法則》

只要努力，人人都能成為有錢人

你和其他人擁有相同的權利和機會，能得到你想要的東西。

金錢最可愛的地方就是它沒有差別待遇，它不在意你的膚色、種族、社會階級、你父母的職業、甚至你「認為」自己是誰。每個嶄新的一天都是新的開始，所以不管你昨天做了什麼，今天都是一個新開始，你和其他人擁有相同的權利和機會，能得到你想要的東西。唯一能阻止你的只有你自己，和你對金錢的迷思（詳見《財富的法則》的法則七）。

在財富的世界中，每個人想要多少，就可以擁有多少。「為什麼？」因為金錢不知道是誰掌握著它，這些人為什麼有資格，以及他們有怎樣的野心或所屬的社會階級是什麼。金錢沒有耳朵、沒有眼睛也沒有感官，它沒有活性、沒有生命、沒有感情，也沒有線索。金錢只能被使用、被花掉、存起來、投資、為錢爭吵、被錢誘惑、為錢工作。金錢沒有歧視機制，所以無法評斷你是否「夠格」擁有它。

我看過很多極度有錢的人，他們都有的共通點就是「他們沒有共通點」——當然，除了都是法則實踐者以外。有錢人是多樣性最高的一群人，也可以說最不可能有錢的一群人：從斯文到粗俗、從聰明到平庸、從應得到不應得，但他們每個人都會站出來說：「對，沒錯，我想要錢。」而窮人總是會說：「不了，謝謝你，這不是我的，不是我應得的，我不值得這麼多錢，我不能、不行、不該要。」

這就是《財富的法則》這本書要說的：挑戰你對金錢、財富的觀點。我們都覺得窮人之所以會窮，是因為環境、背景、教養、天生如此，但如果你有能力買一本像這樣的書，在這個世界過著相對安全、舒適的生活，那你也有富有的權利。也許很困難、很棘手，但確實可行，誠如《財富的法則》中的法則一所說：任何人都可以變成有錢人，只需要「好好努力」，而所有法則的運用都基於這項法則。